月子更要好好吃

文怡 著
菜品摄影 马俨
封面摄影 苏小糖

中信出版集团 · CHINACITICPRESS · 北京

图书在版编目（CIP）数据

月子更要好好吃 / 文怡著. — 北京：中信出版社，2015.12 （2018.7 重印）
ISBN 978-7-5086-5582-6

Ⅰ.①月… Ⅱ.①文… Ⅲ.①产妇—妇幼保健—食谱 Ⅳ.①TS972.164

中国版本图书馆 CIP 数据核字 (2015) 第 239762 号

月子更要好好吃

著　　者：文　怡
策划推广：中信出版社（China CITIC Press）
出版发行：中信出版集团股份有限公司
（北京市朝阳区惠新东街甲 4 号富盛大厦 2 座　邮编　100029）
（CITIC Publishing Group）
承 印 者：鸿博昊天科技有限公司

开　　本：889mm × 1194mm　1/24
印　　张：7.25　　字　　数：80 千字
版　　次：2015 年 12 月第 1 版　　印　　次：2018 年 7 月第 6 次印刷
广告经营许可证：京朝工商广字第 8087 号
书　　号：ISBN 978-7-5086-5582-6 / G · 1253
定　　价：39.80 元

自序

坐月子，哇哦！这仨字儿一出，全家上下都很有一种如临大敌的感觉。那些过来人会给你讲述月子里的种种“遭遇”，各种恐怖和郁闷的事排山倒海般扑面而来，能把一个新妈妈吓得手足无措。

有人问我，坐月子最重要的事儿是什么？

我也以一个过来人的经验告诉你：吃，睡，好心情！没有比这更重要的了。

好的食物 + 好的休息 + 好的心情 = 哗啦啦的优质奶水，这是铁律！

有了好食物、好休息、好心情、好奶水，孩子就有了最基本的保障，剩下的就是像小猪一样“嗖嗖”长膘啦。

一个全新的小生命在我们的身体里住了 9 个多月，我们一直以为自己做好了所有准备，却在听到那“哇”的一声啼哭后，乱了方寸，之前看的书，学习的事，全都忘得一干二净。每天的生活里，光处理他们的屎、尿、奶、哭这四件事儿就已经很忙很忙了。

月子里还有些新妈妈出现了抑郁的症状，除了身体激素水平变化导致的情绪波动外，更重要的原因可能是我们无法把控现状，对未来也不能预知。在这几种情绪的交替中，被父母公婆四位老人包围，看着孩子爹笨手笨脚，看着不专业的月嫂忙里忙外却事事一团糟，一天到晚再没点儿可口的饭吃，没点儿美味的汤喝，搁谁都得郁闷。

我是一个高龄产妇，父母年纪也大了，当初在网友们的建议下果断选择了月子会所，让专业的人去做专业的事，在一定程度上规避了很多新妈妈在月子里遇到的问题和麻烦。至今，我都非常怀念那段美好的时光，那段被精心呵护和照顾的日子，我把它称为我这一辈子最舒适的一次“度假”。

自己过得舒坦，爹妈公婆也不受累，看着初为人父笨手笨脚的老公，也能不急不气，他的那份愚笨都在我好心情的笼罩下，显得可爱多了。

最主要的是，每天三顿正餐，三顿加餐，我吃得不亦乐乎。对我而言，我的月子是一次难得的休假，而这一日六餐的月子餐，就全当是一次“采风”吧。

坐月子期间，我把我每天每顿的饭菜都详细地记录下来，然后根据我个人的口味喜好、可操作性，去粗取精，化繁为简地整理了这本简单易行的家庭版月子餐食谱。

说了这么多，我不是建议每个新妈妈都去月子会所，那也不现实。我是希望大家提前学会一种坐月子的方式，合理安排身边现有的资源，让对的人，在这个月里，帮你去做对的事，这样新妈妈才能轻轻松松、简简单单、无所顾虑地做好一头“大奶牛”。

要想休息好，心情好，得靠新妈妈统筹安排、点石成金的超能力。而好的食物嘛，简单！把这本书交给那个伺候月子的人就够了。

如果你现在正手捧这本书，说明你的宝宝很快就要来了。祝福你们母子平安，一切顺利！也祝福你的月子，好吃好喝好心情，好奶好娃好幸福！

Part 1

第一次遇见你

Part 2

当妈妈，是一场修行

目录

Part 3

宝宝和妈妈之间的最佳平衡

第五周

第六周

月子汤!

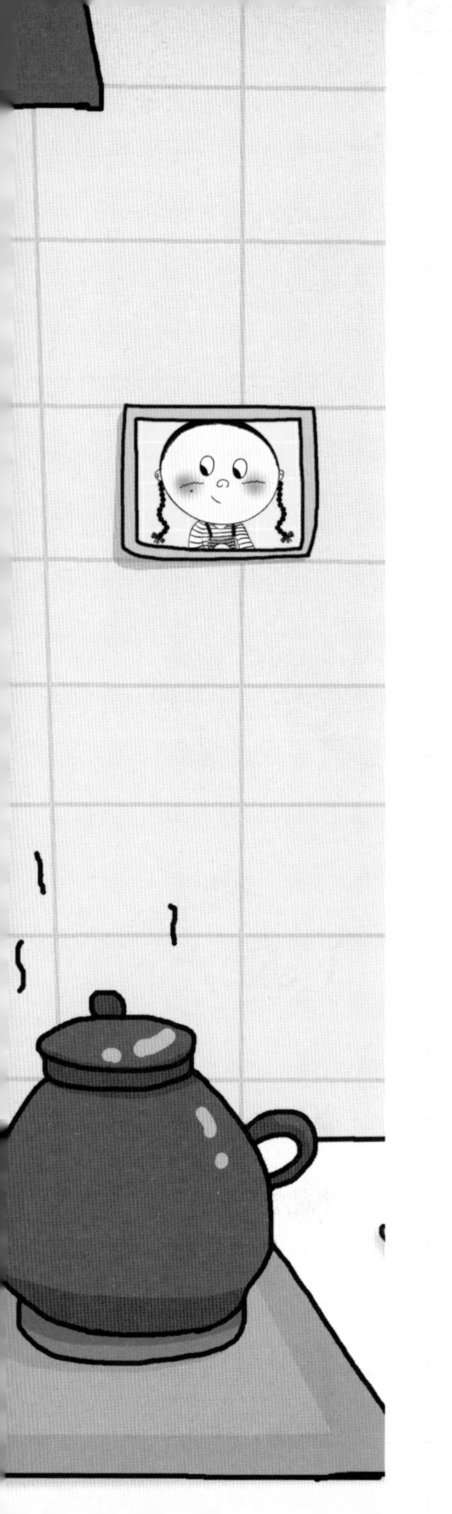

Part 1 第一次遇见你

当妈这事儿，从怀孕初期我就开始各种幻想，摸着肚子，起着范儿，想象着宝宝的样子。他长得像谁？他是双眼皮吗？他有头发吗？他到底是男孩还是女孩？他以后是学理工，学文学，还是学艺术？他未来靠什么吃饭？他结婚是办婚礼，还是出去旅行……

尤其是预产期临近时，一边焦急地等待着他的到来，一边又害怕他的到来。一直以为看到他的第一眼，我会像电影里演的那样热泪盈眶，泣不成声，结果，又想多了。

过了预产期 5 天，我被大夫生生地拉去住院了，理由还是高龄产妇的问题。她们可能怕我出危险，估计也是因为她们从我的微信上看到，我预产期过了 4 天，还站在梯子上捧着相机拍菜谱干活儿呢。

我就是传说中生孩子遭两茬儿罪的妈妈，信心满满地试产，忍着疼等到开了两指，眼看就能上无痛麻药告别疼痛了，结果，噗的一下破水了。如果只是破水还不要紧，但熊孩子把胎便拉羊水里了，中度污染！你说，我不挨刀，谁挨刀？我得让大夫用最快的时间，从“屎坑”里把他打捞出来啊，要不吃一嘴屎算谁的啊？

记忆中，从破水到儿子出生，也就十来分钟的事儿。大夫、护士在我身边有序地忙成一团，局部麻醉让我有一个清醒的大脑，和一个没有任何知觉的肚子。但我知道医生下刀了，我知道我被“开膛破肚”了，我知道孩子被打捞出来了，我知道娃爹被请进手术室了，我也知道他先奔向孩子而没先看我一眼。（这事儿，我会一直记着的，嗯！）

他把护士用油洗干净的孩子抱到我眼前时，说了一句：“文怡，你看，这是我们的儿子，他漂亮吗？”

我扭脸看了一眼，真的不夸张，我当时倒吸了一口冷气，心里默默地说：“丑爆了！”但当时我肚子正在缝合，实在没力气吱声儿，只能无奈地点了点头，皮笑肉不笑地笑了一下。

这就是我和儿子的第一次见面，完全没有想象的那么激动，也没有电影里演的那么感动。听到孩子第一声啼哭，自己泪流满面的场景，看到孩子的第一眼，泣不成声的样子，一直没有出现过。

他躺在襁褓里，小小的，红红的，弱弱的，我只有一种感觉：天啊，我居然生了个人。

滋补鲜汤

麻油猪肝汤

第一周

用料

- 猪肝 250 克
- 姜片 25 克

调料

- 盐一点点
- 黑芝麻油

做法

1 将猪肝洗净，切成约 3 毫米厚的片，姜切薄片。

2 1 在锅中烧水，水开后放入猪肝，焯烫约 30 秒后捞出，用清水洗净。

3 锅内加入黑芝麻油，放入姜片，小火煸至姜片呈金黄色后盛出。

4 2 另起一锅，用煸姜片剩下的油快速翻炒猪肝，直到变色，3 ~ 4 再加入煸好的姜片、水，煮至猪肝熟烂，5 加少许盐调味，趁热食用即可。

超级啰唆

猪肝补血，可以帮助子宫收缩，顺利排除恶露，所以产后第一周要多食用肝脏类食材。这道麻油猪肝特别适合脸色比较黄，气血虚弱，有贫血的产后妈妈。

除了猪肝，还可以选择羊肝、鸡肝，或者鹅肝替换食用。

在选购猪肝的时候，可以用手指按压，感觉软软厚厚有弹性的比较好。如果压下去硬硬干干的，就不要购买了。

超级啰嗦

这道黑木耳腰花能够促进子宫复原，帮助产后妈妈恢复元气，出院回家之后马上就可以喝。

如果不喜欢吃猪腰，可以换成鸡杂或者羊腰。

选购新鲜猪腰，买回家之后要先用流水冲洗，然后浸泡，再现切现做。白色筋膜一定要去除干净，避免产生腥味。

滋补鲜汤

黑木耳腰花汤

第一周

用料

- 猪腰 1 个
- 黑木耳（干）3 克
- 姜 25 克

调料

- 盐一点点

做法

1 1 猪腰洗净，在清水中浸泡一会儿，取出切半，去除白色筋膜。

2 2 在处理好的猪腰表面切竖条儿，底部不要切断，间隔 3 毫米最合适。切好后，再扭转方向，交叉着再切竖条儿。

3 将切好花刀的猪腰切成小块备用。木耳泡发后洗净撕成小朵。

4 3 锅内烧水，水开后放入腰花，焯 5 秒后捞出，用清水冲去血沫。

5 4 ~ 6 将焯好的猪腰、姜片和黑木耳一起放入锅中，加入水、盐，7 ~ 8 盖上锅盖，煲 45 分钟即可。

滋补鲜汤

山药胡萝卜玉米竹荪汤

第一周

用料

- 山药半根
- 玉米半根
- 香菇 4 朵
- 胡萝卜 1 根
- 竹荪 4 根
- 枸杞 5 粒
- 鸡汤 1 800 毫升

调料

- 盐 1/4 茶匙（1 克）

做法

1 [1]胡萝卜、山药去皮后切成一口大小的滚刀块，玉米切小块，香菇洗净后切 4 瓣，竹荪提前浸泡在凉水中，泡软后切小段，枸杞用凉水浸泡。

2 [2]所有切好的蔬菜放入鸡汤中，大火煮开后转中小火煮 30 分钟左右，[3]放入枸杞、盐，调匀即可。

超级啰唆

给山药去皮时要戴手套，否则黏液弄到手上会发痒。

买玉米时选甜玉米，这会让汤的味道特别清甜。

枸杞记得要最后放，否则会煮得烂烂的，汤色就不好看了。

没有鸡汤的话，也可以用清水或者米酒精华来代替。

超级啰唆

这道汤能帮助产后妈妈改善睡眠，养心安神，调节肠胃，坐月子的每一阶段都可以食用。

除了猪心，也可以使用鸡心或者羊心，让月子餐的菜色更丰富。

莲子心比较寒，用之前一定要先去除，或者直接买市场上去好心的莲子。

竹荪莲子猪心汤

用料

- 猪心 250 克
- 莲子 10 克
- 竹荪 3 克
- 姜 25 克

调料

- 盐一点点

做法

1. 猪心洗净，切成厚约 3 毫米的片；莲子洗净，去除莲心；1 竹荪用清水泡软后沥干；老姜洗净切片备用。
2. 2 锅中烧水，水开后放入竹荪，焯烫约 20 秒后捞出，3 放入猪心焯烫约 20 秒后捞出。
3. 4 ~ 8 另起一锅，加入焯好的猪心、姜片、莲子、水、盐，大火烧开后转小火煮 30 分钟左右即可。

营养肉菜

豆腐渣肉丸子

第一周

用料

- 猪肉馅 100 克
- 豆渣 50 克
- 鸡蛋 1 个
- 胡萝卜半根
- 香葱 1 根
- 姜 1 片
- 鸡汤（或清水）200 毫升

调料

- 生抽 1 茶匙（5 毫升）
- 老抽 1/2 茶匙（3 毫升）
- 黄酒、香油 1 茶匙（5 毫升）
- 糖、盐 1/3 茶匙（2 克）
- 水 30 毫升
- 水淀粉 1 汤匙（15 毫升）

做法

1 [1] 把香葱、姜片切成碎末，胡萝卜去皮切碎。[2] ~ [3] 肉馅中加入黄酒、生抽（2 毫升）、老抽（2 毫升）、盐 (1 克)、葱姜末和鸡蛋，搅匀后，再加入清水 30 毫升搅拌，直到肉馅上劲儿。

2 [4] ~ [5] 放入豆渣、胡萝卜碎拌匀，最后加入香油。

3 [6] 手心抹上薄薄的一层油，取一小团肉馅，从虎口部位挤出丸子，在手掌心来回摔几下，使它更好地成团。[7] 所有丸子做好后，凉水下锅，大火煮开，煮至丸子漂起后捞出沥干。

4 [8] 锅中加入鸡汤，将剩余生抽（3 毫升）、老抽（1 毫升）、盐（1 克）、糖（2 克）放入汤中搅匀。最后放入丸子，用中火煮 3 分钟后转大火，淋入水淀粉收浓汤汁即可。

Let's go!

1

2

3

4

5

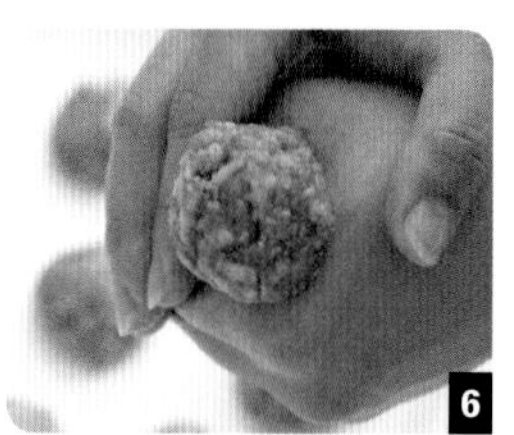
6

7

8

超级罗嗦

放入豆渣后丸子会很香，但是量也不要太多，豆渣与肉馅的比例为1：2就可以，放得太多容易散碎，不易成形。

在肉馅中，可以适当加些干淀粉，会使丸子更易成形。

丸子凉水下锅后不要用勺子搅动，直接开火，当确定成形后，再轻轻地用勺子拨动，防止粘锅底。

用自家熬制的鸡汤烩丸子味道更好，如果没有鸡汤，用清水也可以。

超级罗唆

牛腩是牛肚皮上的肉，比较适合炖煮。在炖煮过程中一定要把血沫撇干净，吃起来味道才好。撇的时候要用勺子搅动一下牛肉，好让底下的血沫浮上来。牛腩捞出后如果还有很多沫子，可以冲一下水。

月子里肠胃功能还比较弱，所以牛腩最好炖得烂一些，这样月子里的新妈妈会比较好消化。如果不是坐月子的时候吃，还可以加一些大料、香叶等香料，味道也可以根据口感调得稍微重一点。

番茄尽量买熟透的，而且要分两次放，第一次让番茄的味道融入汤中，第二次是保留它的形状和味道，吃起来口感也更好。

营养肉菜

番茄牛腩

第一周

用料

- ○ 牛腩 400 克
- ○ 姜 3 片
- ○ 葱 2 小段
- ○ 番茄 3 个

调料

- ○ 生抽 1 汤匙（15 毫升）
- ○ 老抽 2 茶匙（10 毫升）
- ○ 盐 1/4 茶匙（1 克）
- ○ 糖 1/3 茶匙（2 克）

做法

1 1 牛腩洗净后切成 4 厘米大小的块儿，番茄洗净切滚刀块，葱切片，备用。

2 2 牛腩凉水下锅，大火煮开后撇去浮沫，撇沫的时候要翻动一下牛腩，把底下的血沫也撇干净后盛出。

3 3 ~ 4 将牛肉放入已烧开水的锅中，加入葱姜、1/3 的番茄、生抽、老抽、盐、糖，中小火煮 90 分钟左右。

4 5 再放入剩余的番茄继续煮 15 分钟，煮到汤汁变浓稠即可。

丰富素菜

火腿烩杂菇

第一周

用料

- 杏鲍菇 1 个
- 香菇 3 朵
- 蟹味菇半盒
- 西蓝花半棵
- 山药 1 小节
- 火腿半个
- 枸杞 5 粒

调料

- 盐 1/4 茶匙（1 克）
- 鸡汤 200 毫升
- 水淀粉 1 汤匙（15 毫升）
- 黑芝麻油

做法

1. 1 杏鲍菇、香菇、蟹味菇、西蓝花洗净，山药去皮。杏鲍菇、山药、火腿切成一口大小的菱形片，香菇切片，西蓝花用手掰成小朵，蟹味菇切小段，枸杞用凉水泡 5 分钟。

2. 2 将蘑菇、西蓝花、山药这些已经切成片的材料放入开水中焯烫 2 分钟后捞出。

3. 3 另取一只锅，倒一点儿油，放入焯好的三种蘑菇炒 1 分钟，4 再放入山药片、火腿，然后倒入鸡汤，大火煮开后转中小火煮 5 分钟左右，5 最后放入西蓝花、枸杞、盐，淋入水淀粉收汁即可。

超级罗嗦

蘑菇可以随意搭配，能买到什么就用什么吧。

超级啰唆

这道菜其实应该叫彩椒枸杞烩甜豆，因为没有用油炒。月子里用的油和盐都要尽量少，所以这种用鸡汤烩的方式会比较好。

甜豆要鼓一些，皮略厚一些，荷兰豆皮薄且扁平，这道菜用哪种都可以。

没有鸡汤的话可用清水代替，量不用太多，刚好没过菜就行。

这道菜味道清淡，不需要多余的调料，只放一点点盐就可以了。

丰富素菜

彩椒枸杞炒甜豆

第一周

用料

- ○ 甜豆 200 克
- ○ 红彩椒半个
- ○ 黄彩椒半个
- ○ 香干 3 片
- ○ 枸杞 6 粒

调料

- ○ 水淀粉 1 汤匙
- ○ 鸡汤 200 毫升
- ○ 盐一点点

做法

1 甜豆撕掉筋膜，彩椒去籽，枸杞泡在水中。

2 1 将甜豆、红彩椒、黄彩椒、香干都切成大小一致的菱形块，2 放入开水中焯烫 3 分钟后捞出。

3 3 锅中倒入鸡汤，放入焯烫好的菜和枸杞，大火煮开后转中小火再煮 4 分钟左右，放入盐，淋入水淀粉，收浓汤汁即可。

美味主食

五更饭

第一周

用料

- 大米 1 人量（约 1 量杯）
- 猪瘦肉 100 克
- 鸡蛋 1 个
- 干贝 20 克
- 姜 5 克
- 葱花 2 克

调料

- 生粉 1/2 茶匙（3 克）
- 盐 1/4 茶匙（1 克）
- 花生油 1 茶匙（5 毫升）
- 糖一点点

做法

1 [1] 干贝用清水洗净后，加入适量温水泡软（泡干贝的水留用），[2] 用刀轻压，然后撕成条状。姜切丝备用。

2 [3] 用花生油（或黑芝麻油）把撕好的干贝和姜丝拌匀。

3 [4] 瘦肉洗净后切丝，加入少许生粉、盐、糖拌匀腌 10 分钟。

4 [5] 大米清洗干净，放入电饭锅中，加入刚才泡干贝的水（水量不够可以用清水补足），水没过米饭 1 厘米左右，[6] 把干贝、肉丝和姜丝平铺到米饭上，按下煮饭键开始煮饭。

5 [7] 等到米饭煮约 10 分钟时，打开盖子，在米饭上打一个鸡蛋，[8] 盖上盖继续焖 10 分钟后撒入葱花，将米饭搅匀即可趁热食用。

超级罗唆

五更饭是广东一带传统的月子滋补食品，因为在五更（凌晨三点至五点）食用而得名。据说清晨时人体最容易消化和吸收营养，最宜进补。但是现在凌晨四五点钟起来吃饭不太现实，所以一早起床食用就可以了。五更饭适合产后及体虚的人食用。

五更饭有补中益气，祛风寒，健脾胃的功效，趁热吃效果最好。还可以让喂母乳的妈妈有更充足的奶水，精神也更加饱满。产后第一周就可以开始吃了。

超级啰唆

- 蛋液过筛后奶黄馅会更细腻。
- 奶黄馅蒸好后一定要放凉后再用，热的不易成形。
- 包馅如果不能用虎口部位收口，就像包包子一样，蒸的时候褶子朝下也可以。
- 蒸锅盖子上的水蒸气如果很多的话，最好包一块布，防止掉到奶黄包上。

美味主食

奶黄包

用料

- 奶黄馅：
- 白糖 100 克
- 鸡蛋、牛奶 50 克
- 黄油、面粉 25 克

- 面皮：
- 面粉 250 克
- 白糖 5 克
- 油 5 毫升
- 酵母 3 克
- 泡打粉 2 克
- 椰浆 120 毫升、水适量

做法

1 1 面粉中加入糖、油、酵母、泡打粉，2 拌匀后倒入椰浆继续搅拌，3 揉成面团，盖上保鲜膜，发至 2 倍大。

2 发面的过程做奶黄馅。4 鸡蛋打散后加入糖，5 用打蛋器打至颜色略变白，糖基本融化，然后加入牛奶继续搅拌均匀，6 ~ 7 蛋液过筛后加入面粉，用打蛋器充分搅至无颗粒后倒入耐热容器中，8 ~ 9 放入黄油。将容器放入蒸锅里，每蒸 5 分钟取出来搅匀，再放入蒸锅内蒸，共三次。10 蒸好后，取出奶黄馅，摊平，放凉，分成 15 克 1 个的馅。

3 11 发好的面揉 2 分钟，分成 30 克一个的面团。把小面团按扁，略擀一下，包入馅，收好口。放入蒸屉上，盖上盖子二次饧发 15 分钟。

4 二发饧好后，开大火，等上汽后转中火蒸 10 分钟左右，再焖 2 分钟即可。

轻松加餐

红豆汤

第一周

用料

○ 红豆 50 克
○ 红糖 10 克
○ 水 700 毫升

做法

1 [1]红豆洗净，用清水浸泡 4 小时。

2 [2]将红豆连同浸泡的水一起放入锅中，大火煮沸后转中小火继续煮大约 1 小时，煮到红豆软烂开花。

3 [3]关火后加入适量红糖搅拌均匀就可以喝了。

超级啰嗦

这道红豆汤不光月子里能喝，怀孕的准妈妈也可以喝，红豆能利水消肿，可以缓解孕后期水肿的现象。红豆还能补脾化湿，帮助催奶，促进新陈代谢。但是红豆吃多了容易胀气，所以每天最好不要喝超过两碗。

熬红豆汤可以根据自己需要的量来放水，月子里多喝些汤汤水水对宝宝的伙食有好处，所以水量可以稍多一些。煮好后每次喝之前热一下就可以了。

煮好的红豆可以直接吃，也可以用搅拌机搅得更细腻一些做成红豆沙。

超级啰唆

鸡蛋羹简单软嫩好消化，也是长辈们十分推荐的一款月子食物。从前坐月子不像现在有这么多好吃的，那时鸡蛋就是最好的营养品，现在我们也吃，可以多加点配料，像虾皮、鲜贝或者虾仁，吃起来味道更好，也更营养。

做鸡蛋羹最好用凉开水或者温水，蛋液和水的比例是1:2或者1:1，水稍多一点儿更软嫩，大家可以根据自己的喜好来调整。

蛋液和水混合好后过一下筛可以去掉气泡，能够让做出的蛋羹更平滑。如果过滤之后的蛋液仍然有气泡，可以用纸巾吸掉。

轻松加餐

虾皮鸡蛋羹

第一周

用料

- ○ 鸡蛋 2 个
- ○ 虾皮 1 小捏
- ○ 鲜贝 3 个
- ○ 香葱 1 根

调料

- ○ 盐一点点
- ○ 香油 3 滴

做法

1 ①虾皮泡入清水中，鲜贝取中间的肉切小丁，鸡蛋打散，香葱切碎。

2 ②～③将凉开水倒入打散的蛋液中，加入盐，充分打散搅匀后过筛，倒入耐热容器中。④将泡好的虾皮、鲜贝丁放入蛋液中。⑤容器表面盖上保鲜膜，放入已上汽的蒸锅内，中小火蒸 15 分钟左右。

3 蒸好后先不要开盖，稍微焖一会儿后打开，撒上香葱，淋上香油就可以了。

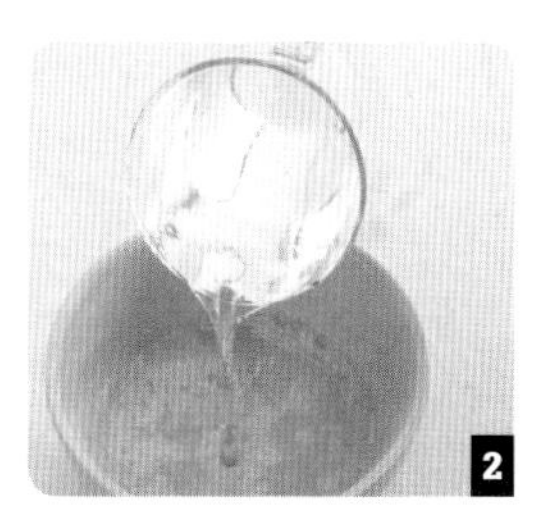

超级啰唆

♡ 蒸鸡蛋羹的时候最好用有盖子的容器，或者在容器上盖一层保鲜膜，这样可以防止蒸的时候水汽滴落在蛋羹上，影响蛋羹平滑的“肌肤”和软嫩的口感。

♡ 蒸鸡蛋羹不能用大火，蒸的时间要根据盛蛋羹的容器的深浅来确定。如果容器又浅又小，可以适当缩短一些时间，蒸的时间太长会蒸老，就不好吃了。大家可以在快蒸好的时候晃一下蛋羹碗，蛋羹中间还稍稍有一点儿晃动，刚刚凝固的时候就可以把火关掉，然后再焖 5 分钟，这样口感会比较嫩。

补血暖茶

山楂红糖水

第一周

用料

- 山楂干 8 克
- 水 900 毫升
- 红糖 12 克

做法

1 [1]山楂干洗净沥干，用水浸泡 30 分钟。

2 [2]将浸泡好的山楂和水一起放入锅中（水不够的话可以再添一点儿），大火煮沸后转小火再煮 20~30 分钟。

3 [3]加入适量红糖搅拌，熄火后即可饮用。

Let's go!

1

2

3

超级
啰唆

山楂有助于子宫收缩，生完宝宝之后，喝一些山楂水能帮助排恶露，促进产后子宫复原，还能健胃清脂助消化，有瘦身的效果哦。

山楂红糖水可以一次多煮一些，放到保温瓶里，全天当水喝就行。

山楂干在超市就能买到，最好选择颜色比较红的，口感不会太酸。

红糖适量就好，不要加太多。但也不要让这道饮品有酸的口感，月子里不建议产后妈妈吃酸的东西，对牙齿不好。

这个整个月子都可以喝哦。

超级罗唆

这道红枣茶在很多地方又叫养肝汤，也是月子里传统的茶饮。尤其适合剖宫产和无痛分娩打麻药的妈妈，能够养肝排毒，减轻麻药对身体的损伤。

红枣在煮之前最好先切成两半，这样有利于营养的析出。

做这道茶用什么枣都可以，根据枣的大小来确定放多少颗，不要太多，多了容易上火。像金丝小枣用8~10颗，新疆大枣用3~4颗，种类视个人口味定，只要果肉饱满就可以了。

红枣有甜味，所以放红糖的时候要适量，别太甜。

这道茶在生产之前也可以喝哦。

红枣茶

用料

- 水 500 毫升
- 红枣 5~8 颗
- 红糖 12 克

做法

1. 1 红枣洗净沥干，用小刀切成两半，去掉枣核，2 把枣肉在水中浸泡 2 小时。
2. 3 用浸泡的水直接煮红枣，大火煮开后转小火煮 20~30 分钟。
3. 4 加入红糖，5 搅拌均匀后即可饮用。

滋补鲜汤

红枣鱼汤

第二周

用料

- 鲇鱼 350 克
- 红枣 6 颗
- 枸杞 3 克
- 姜 25 克

调料

- 盐一点点

做法

1 1 用开水将鲇鱼表面的黏液冲掉，然后洗净，切大块，红枣和枸杞洗净备用。

2 油热后，放入姜片，煸炒好后，把姜盛出，2 转小火放入鱼，煎到鱼皮上色。

3 3 ~ 4 另起一锅，加入煎好的鱼、姜片、红枣炖煮约 30 分钟，5 等鱼肉熟烂后加入枸杞，煮 5 分钟后加盐调味，趁热食用即可。

超级
啰嗦

月子里多喝鱼汤对产后妈妈下奶作用特别大，很多妈妈都管鱼汤叫催奶神物。不过一定要注意，刚生完的头两天，如果还没有奶，或者乳腺还没有完全通畅时，千万不要着急喝鱼汤，否则奶多又出不来，很容易造成“交通拥堵”。

如果买不到鲇鱼，也可以用其他的鱼来做这道汤，比如鲫鱼、草鱼、鲤鱼等，总之月子里多喝鱼汤对奶水是非常好的，加油吧“小奶牛”们。

超级啰唆

除了鲈鱼之外，还可以选择其他鱼做这道汤，比如鲫鱼等。

乳腺通畅之后就可以开始喝鱼汤了，鱼汤也不会给妈妈的肠胃造成负担。鲈鱼肉质白嫩清香，很适合炖汤，特别有助于伤口愈合。

通草能够疏通经络，对奶量的增加会有帮助。但要想奶量充足饮食只是一方面，更重要的还是要保持一份好心情，这才是当一个合格“小奶牛”的根本条件。

通草枸杞鲈鱼汤

第二周

用料

- ○ 鲈鱼 350 克
- ○ 通草 3 克
- ○ 枸杞 3 克
- ○ 姜 25 克
- ○ 开水 900 毫升

调料

- ○ 盐一点点
- ○ 黑芝麻油

做法

1 鲈鱼去鳞，去内脏，清洗干净后切块。

2 1 锅内倒入黑芝麻油，把姜片煸至金黄色，煸好后转小火，放入鱼，煎到鱼皮变金黄色。

3 2 ~ 5 把煎好的鱼和姜放到锅里，加入开水、通草和枸杞，煲 40 分钟即可。

Let's go!

1

2

3

4

5

滋补鲜汤

黑木耳牛蒡排骨汤

第二周

用料

- 排骨 250 克
- 黑木耳（干）3 克
- 牛蒡 50 克
- 姜 25 克

调料

- 盐一点点

做法

1. 1 牛蒡去皮切片，放在清水中浸泡；黑木耳泡发后洗净，撕成小朵。
2. 2 排骨洗净切块，放入清水中，大火煮开后撇除血沫，捞出后用清水冲干净，沥干备用。
3. 3 另起一锅，烧热后煸姜片，煸好后，转大火，放入排骨快速翻炒几下。
4. 4 加入水炖煮 10 分钟后，5 加入黑木耳和牛蒡，煮至排骨熟烂，加盐调味，趁热食用即可。

超级啰唆

牛蒡是一种蔬菜，用它搭配排骨和木耳煲汤，能增强免疫力，帮助产后妈妈恢复身体。

如果有煸好的姜片，可以省去煸姜这一步，直接把焯好的排骨加姜片和水一起炖就可以了。

这道汤不坐月子也可以喝，多加一点点盐就会很美味。

滋补鲜汤

鸭肉山药胡萝卜汤

第二周

用料

- ○ 鸭子 400 克
- ○ 山药半根
- ○ 胡萝卜 1 根
- ○ 葱 1 小段
- ○ 姜 3 片

调料

- ○ 盐 1/4 茶匙 (1 克)

超级啰唆

这道汤炖的时间比较长，超过 2 个小时味道会更好。山药和胡萝卜别放得太早，出锅前 10 分钟放进去就行了，否则就全软烂在汤里，不好看也不好吃了。

做法

1 [1] 鸭肉洗净后切成 4 厘米大小的块，放入凉水中煮，水开后撇去浮沫，将鸭肉捞出。山药、胡萝卜去皮，切一口大小的滚刀块，葱段对半切开。老姜洗净切片备用。

2 [2] ~ [5] 锅里放入鸭肉，倒入足量的水，放入葱、姜、山药块、胡萝卜块、盐，[6] 煲至少 2 个小时。

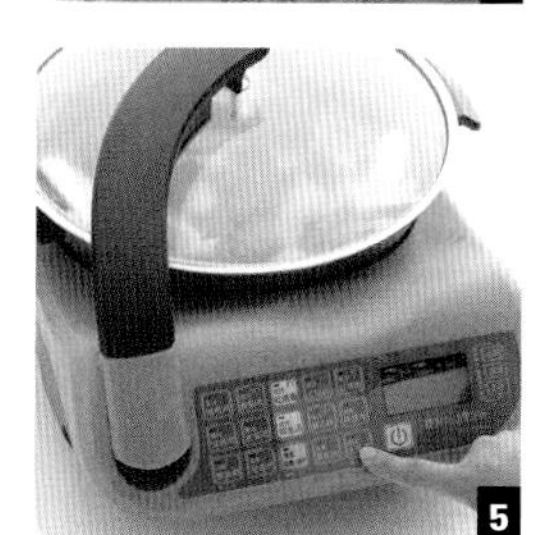

营养肉菜

番茄虾球

第二周

用料

- 鲜虾 20 只
- 葱 2 根
- 姜 2 片
- 鸡蛋 1 个

调料

- 番茄沙司 2 汤匙（30 克）
- 干淀粉 1 茶匙（5 克）
- 米酒 1 茶匙（5 毫升）
- 白醋 2 茶匙（10 毫升）
- 糖 1 茶匙（5 克）
- 盐 1/3 茶匙（2 克）
- 香油 1 茶匙（5 毫升）
- 水淀粉 1 茶匙（5 毫升）

做法

1 虾洗净去掉头尾，剥壳，只留虾肉。

2 1从虾身处下刀只切开 1/2，去掉虾线，2用厨房纸将虾表面的水分擦干。

3 3将虾球、盐（1 克）、米酒、蛋清、干淀粉、香油放入容器中，用手抓匀。

4 4锅中倒入适量油，油温微热时放入虾肉，大火炒至虾变色盛出。

5 5锅中再到入一点儿油，放入葱姜末炒出香味，6倒入番茄沙司，小火炒 10 秒，加入一点点水，7放入炒好的虾，倒入盐（1 克）、糖、白醋，8最后淋入水淀粉搅匀即可。

超级罗嗦

买虾时最好买活虾，会比较新鲜。新鲜的虾颜色发青发亮，壳是紧贴肉的，不容易剥壳，虾头也没有断的情况。

蛋清用半个就可以了，目的是让虾更滑嫩，加了调料的虾仁腌制的时候要用手多抓一抓，吃起来口感会更Q弹。

这道菜用的是番茄沙司不是番茄酱，番茄酱的味道太酸了，这个做成酸甜口味的才好吃。

超级啰唆

排骨最好选择肋排，而且块要切得小一点儿，这样更容易蒸熟。排骨要先蒸一下再放入南瓜里一起蒸，以免南瓜蒸过火了排骨还没熟。

蒸肉米粉可以在超市买，也可以在家做。具体的做法是：锅内不放油，直接放入大米，中小火炒至大米微黄，散发出香味后盛出冷却，用搅拌机打碎至细小颗粒状就可以了。如果不是坐月子的时候吃，可以在炒的时候加两颗大料和辣椒，炒好以后把大料和辣椒挑出来之后再打碎，这样米粉会更香。炒的时候也可以加入适量盐，这样腌肉的时候就不用放盐了。

如果买现成的米粉，一般本身就有咸味儿，不需要再加盐了。

南瓜要选择又面又甜的，不要那种水水的，蒸出来不好吃。

营养肉菜

南瓜粉蒸排骨

第二周

用料

- ○ 肋排 350 克
- ○ 南瓜 1 个
- ○ 葱 1 小段
- ○ 姜 2 片

调料

- ○ 蒸肉米粉 50 克
- ○ 生抽 2 茶匙（10 毫升）
- ○ 糖 1/4 茶匙（1 克）
- ○ 米酒 1 茶匙（5 毫升）
- ○ 香油 3 滴

做法

1. 肋排洗净切小块，1 南瓜洗净切去顶部，挖去里面的籽，葱切片。
2. 2 将肋排放入容器中，加入生抽、糖、米酒、香油、葱片、姜片拌匀，腌 30 分钟左右。
3. 3 ~ 4 排骨腌好后，把每一块排骨都在蒸肉米粉中滚一下，让排骨均匀地粘上一层蒸肉米粉。
4. 把粘好米粉的排骨放入耐热容器中，大火蒸 30 分钟后取出。
5. 5 将蒸好的排骨放入南瓜盅里，填满空隙，大火蒸，上汽后转中火蒸 30 分钟左右，南瓜熟了即可。

丰富素菜

黑木耳豆腐奶白菜

第二周

用料

- ○ 奶白菜 3 棵
- ○ 红、黄、绿彩椒各 1/3 个
- ○ 黑木耳 5 朵
- ○ 豆腐半块

调料

- ○ 盐 1/4 茶匙（1 克）
- ○ 水淀粉 1 汤匙（15 毫升）
- ○ 鸡汤 200 毫升

做法

1 黑木耳提前泡发，彩椒洗净去籽，奶白菜切掉根部洗净。所有食材都切成 1 厘米大小的丁。

2 水烧开后放入所有切好的食材，焯烫 1 分钟后捞出。

3 另拿一只锅倒入鸡汤，放入所有焯烫好的食材，烧开后，中火煮 2 分钟，最后加盐，倒入水淀粉，收浓汤汁即可。

Let's go!

1

2

3

超级罗唆

- 豆腐用老豆腐、嫩豆腐都可以，看自己的喜好，老豆腐不容易碎。
- 黑木耳泡好后要去掉根部，如果是大朵的木耳用手撕成小朵就可以了。
- 月子里的新妈妈肯定少不了要煲鸡汤，多做一点冻起来，每次做菜用就会很方便，实在没有的话用清水代替也行。

超级罗唆

月子里的新妈妈，要注意饮食的均衡和多样化，所以像这样多种食材搭配在一起的菜就比较好，大家还可以根据自己的喜好更换食材。

番茄丁不用焯烫。

丰富素菜

山药胡萝卜番茄黑木耳玉米

第二周

用料

- 山药半根
- 胡萝卜半根
- 玉米半个
- 黑木耳 6 朵
- 番茄 1 个
- 莴笋半根

调料

- 盐 1/4 茶匙（1 克）
- 鸡汤 1 500 毫升
- 香油 2 滴

做法

1 【1】把去了皮的莴笋、山药、胡萝卜切成 1 厘米大小的丁，番茄也切同等大小的丁，木耳提前泡发，泡软后切小块，玉米取玉米粒。

2 【2】将莴笋、山药、胡萝卜、木耳放入开水中焯烫 2 分钟后捞出。【3】锅中倒入鸡汤，放入焯好的蔬菜丁，再放入番茄丁，加盐，大火煮 3 分钟，最后滴入香油即可。

Let's go!

1

2

3

美味主食

薏米饭

第二周

用料

- ○ 薏苡仁 10 克
- ○ 大米 70 克

做法

1. 1 将薏苡仁和大米分别洗净，薏苡仁浸泡 2 个小时，大米浸泡 30 分钟。
2. 2 在小锅中倒入少许饮用水，将薏苡仁连同浸泡的水一起倒入锅中，大火煮开后转小火煮 15 分钟左右。
3. 3 ~ 5 将煮好的薏苡仁和浸泡好的大米连同泡大米的水一起倒入电饭锅中，补足水到平时蒸饭的量，按煮饭的步骤煮好即可。

超级啰嗦

♡ 薏苡仁不容易熟，所以可以提前煮一下，水量自己掌握，不要烧干就可以了。

♡ 薏苡仁是常用的药食同源的食材，生完宝宝之后吃能利水消肿，健脾祛湿，缓解产后身体的疲劳。

超级啰唆

干酵母要用凉水或者不高于体温的温水溶解，不能用热水，不然会把酵母烫死的。

红糖和芝麻酱的比例根据自己的喜好调配，或者做成咸味的也可以，但是月子里盐要少放。

二发好的花卷拿起来感觉很轻，体积也比刚才要大。

如果锅盖很容易积水珠，最好用大块的布把锅盖包起来。另外，蒸屉上要铺屉布、油纸，或者涂油，防粘。

美味主食

麻酱小花卷

第二周

用料

- 面粉 250 克
- 水 130 毫升
- 干酵母 2.5 克
- 白糖 5 克
- 芝麻酱 80 克
- 红糖 20 克

做法

1. 1 ~ 2 酵母放入凉水中溶解，面粉中加入白糖拌匀后倒入水，边倒边用筷子搅拌，3 然后用手揉成面团，盖上保鲜膜发至 2 倍大。
2. 4 红糖放入麻酱中拌匀，备用。5 发好的面团用手揉 1 分钟左右，6 擀成大的长方片，7 面片上抹上红糖麻酱，8 然后从一边开始卷起直到全部卷完。9 用刀将面卷切成等大的几段，食指在切好的卷上压一下，10 然后用两只手将面卷抻开，11 ~ 12 左右手朝相反方向拧一下，顺势将两头的面折到一起，一个花卷就做好了。
3. 13 ~ 14 把做好的花卷放在蒸锅上进行二次发酵，大约 15 分钟即可，发好了以后，开大火，上汽后转中火蒸 10 分钟左右。

轻松加餐

桂圆莲子粥

第二周

用料

- 大米 30 克
- 桂圆 10 颗
- 莲子 15 颗左右
- 红糖适量

做法

1. 1 桂圆洗净，大米淘洗干净后用水浸泡 30 分钟，莲子洗净去心，加水浸泡 2 小时。
2. 2 锅内烧水，水开后放入大米和莲子，3 中小火煮约 30 分钟后加入桂圆，继续熬煮 15 分钟，煮到大米黏稠，桂圆变大后加入适量红糖即可。
3. 4 ~ 5 关火后加入适量红糖搅拌均匀就可以喝了。

超级啰唆

桂圆能调理产后虚弱，补气补血，莲子能够静心安神，对新妈妈生产之后气力不足和睡眠不好的状况都有很好的改善作用。

红糖不用放太多，适量就好。

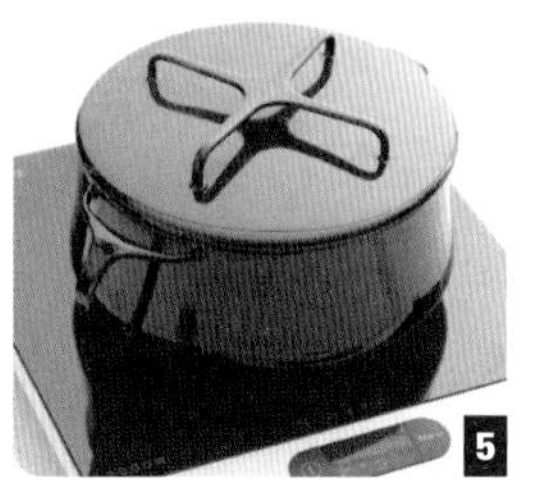

超级啰唆

这道茶，能够活血祛风，清热润肺，益胃生津，生完宝宝后第二周就可以开始喝了。

黑豆可以一次多炒些，装在密封的罐子里保存在阴凉干燥处，下次煮茶就会比较方便。

这道茶因为放了红枣和炒过的黑豆，所以味道比较好，可以全天代茶饮。因为红枣有甜味，所以可以不用放糖，如果喜欢吃甜的，也可以放少许红糖。

补血暖茶

沙参黑豆红枣茶

第二周

用料

- 沙参 3 根
- 黑豆 1 小碟
- 红枣 10 粒
- 陈皮 1 片

做法

1. 1 沙参、红枣、陈皮冲洗干净后用清水浸泡 20 分钟，然后给红枣去核，陈皮泡软后刮去白瓤，切成细丝。
2. 2 黑豆洗净沥干后放入锅中，不放油，小火干炒至豆壳开裂，有香味时盛出备用。
3. 3 将处理好的所有食材一起放入汤煲中，加入 2 000 毫升（约 8 碗）清水，大火烧开后转小火煲约 45 分钟即可。
4. 煲好后可存放在保温瓶中，代茶饮用。

Let's go!

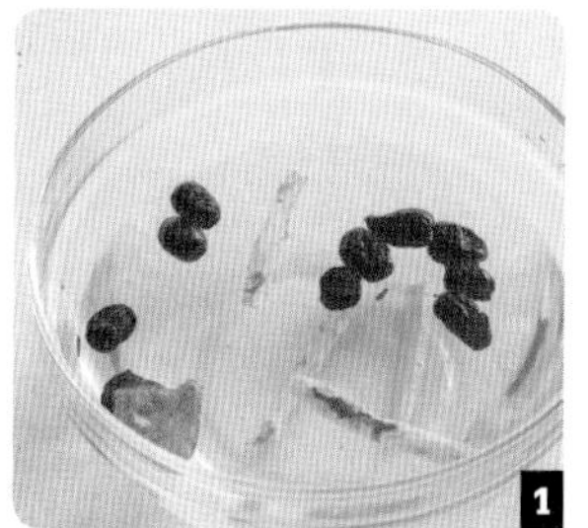
1

2

3

修行!

当妈妈，是一场修行

滋补鲜汤

麻油鸡汤

第三周

用料

- 鸡肉 500 克
- 姜 25 克

调料

- 盐一点点
- 黑芝麻油

做法

1 鸡洗净后剁成块，姜切片备用。

2 1 锅中放入鸡块，2 ~ 3 加入用黑芝麻油煸好的姜片、水，4 大火煮开后撇去浮沫。撇沫的时候可以用勺子搅动一下鸡肉，让锅底的浮沫漂上来。

3 5 炖煮大约 90 分钟，出锅加一点点盐即可食用。

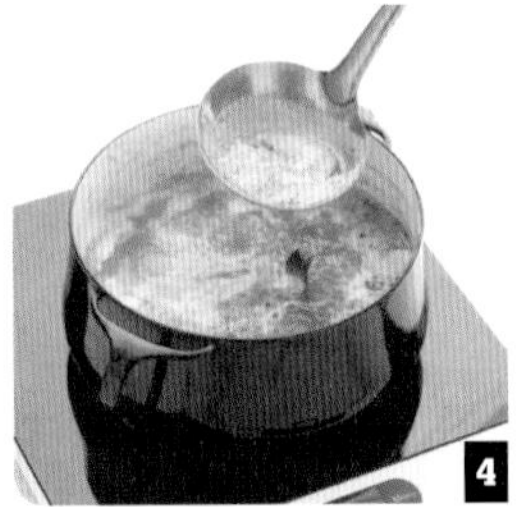

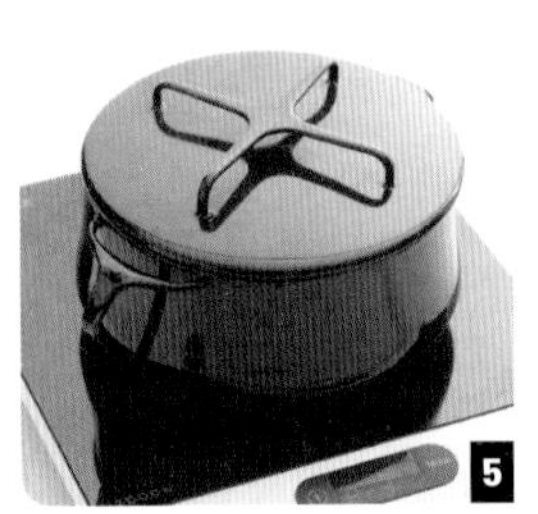

超级啰唆

这道麻油鸡汤是月子餐中很经典的一款汤，非常利于产后滋补，尤其是对产后体弱乏力、脾胃虚弱、气血不足、乳汁缺乏等问题，都有很好的食疗作用。

姜片用黑芝麻油提前煸炒到金黄，这样滋补的效果更好。也可以直接用一个深一点的锅先煸好姜片，再加入鸡块，等水开后撇去浮沫，再炖煮就可以了。

煲鸡汤的话，公鸡和母鸡的作用略有不同。母鸡有助于子宫恢复，能补气益脾，比较适合生完宝宝之后用来补充体力；公鸡补肾益精，尤其是小公鸡，可以帮助发奶。刚生完的一两周内可以喝母鸡汤，之后再喝公鸡汤。

超级啰唆

这道香菇鱼汤不但滋补而且低脂，在乳腺通畅后，整个月子都可以食用。

煎鱼的时候最好用不粘锅，双面煎成金黄色再加入开水煲汤。

胡萝卜和香菇都是配菜，因为月子汤的口味很淡，放盐很少，以前习惯了重口味饮食的产后妈妈会觉得难以下咽，而香菇可以给汤提香，加上胡萝卜香甜的口感，可以欺骗味蕾，让产后妈妈胃口大开。

大家也可以根据自己的喜好更换食材，月子里的饮食最好多样化一点儿，所以汤里的食材可以搭配着来，不要只有一种主料。

香菇胡萝卜鲫鱼汤

第三周

用料

- 鲫鱼 350 克
- 鲜香菇 5 朵
- 胡萝卜半根
- 姜 25 克

调料

- 盐一点点

做法

1 鲫鱼去鳞，去内脏，清洗干净。香菇洗净切片，胡萝卜切片。

2 1 大火热锅煸姜片，煸至金黄色后，转小火放入鱼，煎到鱼皮上色。

3 2 ~ 3 把煎好的鱼和姜放到锅里，加入水、盐、香菇和胡萝卜，4 ~ 5 盖上锅盖，煲 40 分钟左右即可。

滋补鲜汤

猪蹄芸豆通草汤

第三周

用料

- ○ 猪蹄 2 只
- ○ 通草 1 小把（10 根左右）
- ○ 白芸豆 1 小把
- ○ 红芸豆 1 小把
- ○ 干香菇 3 朵（小型）
- ○ 胡萝卜 1 根
- ○ 姜 1 小块

调料

- ○ 盐少许。
  喝的时候再放入碗里，
  月子汤一定要清淡。

做法

1 1 白芸豆和红芸豆洗净，放清水中浸泡一夜备用；姜去皮切片；干香菇用清水冲净，不用浸泡。

2 2 猪蹄斩块洗净，放入锅中，倒入清水煮开后撇去浮沫，捞出。

3 3 ~ 4 通草用清水冲一下后放进一次性料包。

4 5 把猪蹄、姜片、白芸豆、红芸豆、干香菇放入锅中，倒入开水，水面没过食材 2 厘米。

5 6 盖上盖子，煮 90 分钟。 7 ~ 8 然后放入去皮的胡萝卜块，大火煮 10 分钟即可。

6 盛入碗中后，只加一点点盐调味就好。

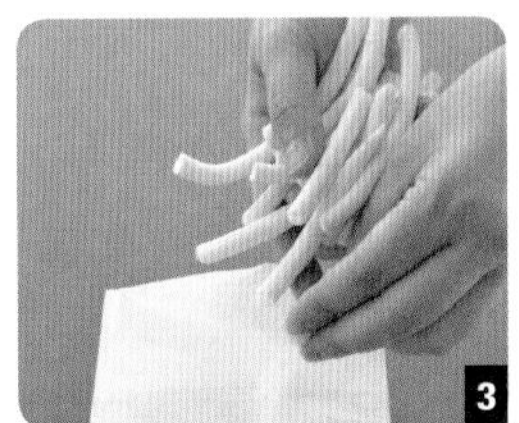

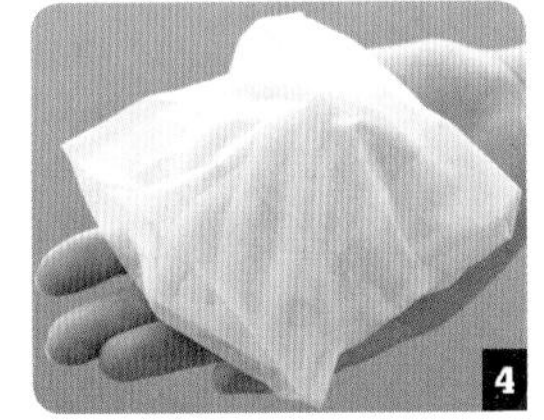

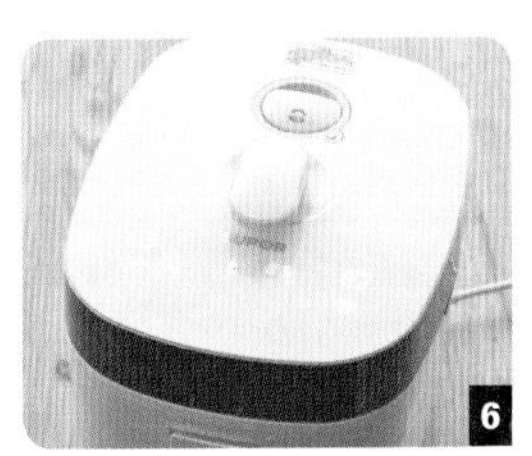

超级
啰嗦

这款汤清热利湿，适合哺乳期的妈妈们。乳汁不够，奶量少，身体虚弱的妈妈都可以喝。我在坐月子时，这款汤是从产后乳腺通畅了之后才开始喝的。刚生完，如果乳腺还没有完全通畅，先别急着喝肉汤、猪蹄汤、鲫鱼汤等，因为这些汤下奶的功效比较好。

一定要注意，这款汤适合生完宝宝的妈妈，孕妇不要随便喝。普通人喝的话去掉通草，多加点盐，味道非常好。

大家都知道，月子里的各种饮食，不管是菜还是汤，都要低盐。因为食盐会增加肾脏的负担，不利于消除产妇的水肿。而完全无盐的饮食对产妇来说也没有必要，没有盐会影响食欲，稍稍放一点点盐是没问题的。有人会抱怨月子餐寡淡无味，其实这种淡口味的月子餐吃过两三天后，大家基本就能适应了。

超级啰唆

乌鸡既能滋养肝肾，又能补气补血，对气血两虚，身体虚弱的女性有很好的食疗作用，非常适合刚生产完的新妈妈们。搭配同样有补气养血功效的桂圆，能让这道汤有更强的滋补效果，也更好喝。

乌鸡可以整只炖，也可以剁成块之后再炖，但是撇沫这个步骤不要少。

这道汤因为加了桂圆，所以会甜丝丝的，出锅后只加一点儿盐，甚至不加盐都会很好喝。

滋补鲜汤

桂圆莲子木耳乌鸡汤

第三周

用料

- 乌鸡 500 克
- 黑木耳 5 朵
- 莲子 4 克
- 桂圆肉 5~8 颗
- 姜 25 克

调料

- 盐一点点
- 黑芝麻油

做法

1 1乌鸡洗净去除鸡屁股；2莲子浸泡在水中，泡软后去除莲子心；黑木耳冲洗干净后浸泡在水中，泡发后撕小块；桂圆肉洗净；姜切片备用。

2 3锅中倒入水，把鸡放入水中，大火煮开后撇去浮沫。

3 4 ~ 7加入用黑芝麻油煸好的姜片、莲子、黑木耳、桂圆，8大火煮开后调成中小火煲 90 分钟左右。

4 把汤盛到碗中，加一点点盐即可食用。

营养肉菜

干煎带鱼

第三周

用料

- 带鱼 1 条
- 香葱 2 根
- 姜 3 片

调料

- 盐 1/2 茶匙（3 克）
- 米酒 1 茶匙（5 毫升）
- 干淀粉 20 克

做法

1 带鱼去内脏剪掉头部，洗净后切成 4 厘米长的段，香葱切小段。

2 1 将洗净的带鱼同香葱段、姜片一起放入容器中，加盐、米酒，腌 20 分钟左右。

3 2 将腌好的带鱼放在厨房纸上吸干水分，3 然后在表面薄薄裹上一层干淀粉。

4 4 把粘了粉的带鱼放入平底锅中，注意要热锅凉油。5 用中小火将鱼慢慢煎至一面呈金黄色后再翻面煎，最后两面都成金黄色时就可以盛出了。

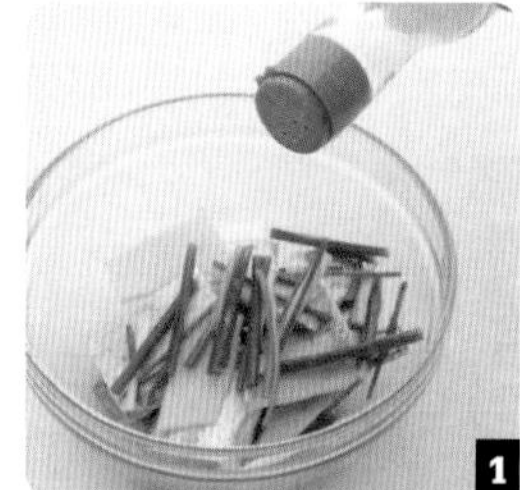

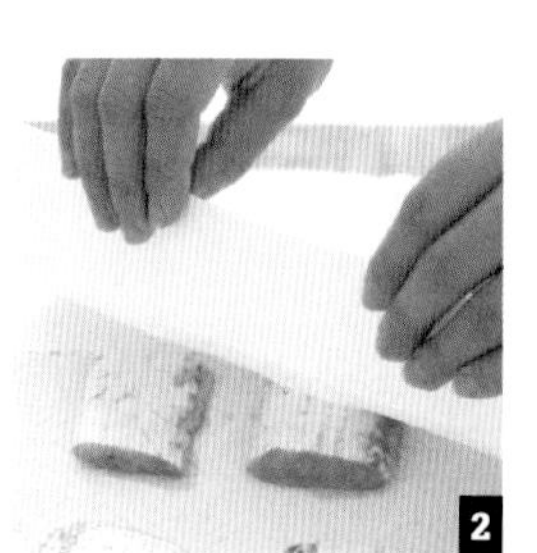

超级啰嗦

买带鱼时不要选那种眼睛发黄的，不新鲜。也不要挑太肥大的，太大太宽的带鱼肉太厚，不容易煎酥。

带鱼表面不要抹太多干淀粉，可以将带鱼在淀粉里蘸一下，然后取出擦掉多余的淀粉，只要留薄薄一层就可以了。

带鱼肉质很嫩，煎的时候不要常翻动，一定要等到底部变硬、变黄时再翻面，以免鱼皮破裂，鱼肉变碎。

超级啰嗦

月子里少不了各种汤汤水水，煲鸡汤的时候留下一点儿，放到合适的容器中冷冻起来，做菜的时候就可以用了。用鸡汤煨过的菜会更鲜美，也比较软，好消化。

鸡胸肉如果比较厚的话，要先片成片之后再切丁。

最后淋入水淀粉时一定要转大火，这样才能更好地收汤汁。

五彩鸡肉丁

第三周

用料

- ○ 鸡胸肉 200 克
- ○ 茭白 1 个
- ○ 胡萝卜半根
- ○ 豌豆 1 小把
- ○ 玉米半根
- ○ 鲜香菇 5 朵

调料

- ○ 生抽 1 茶匙（5 毫升）
- ○ 盐 1/4 茶匙（1 克）
- ○ 糖一点点
- ○ 鸡汤 100 毫升
- ○ 水淀粉 1 汤匙（15 毫升）

做法

1 **1** 鸡胸肉洗净后切 1.5 厘米大小的丁，茭白去掉绿色部分，刮掉外皮后切 1.5 厘米大小的丁，胡萝卜去皮切同样大小的丁，玉米取粒，香菇洗净后切 1.5 厘米大小的丁。

2 **2** 锅中倒入油，油温微热后放入鸡丁，炒至变白后盛出备用。

3 **3** 将胡萝卜丁、茭白丁、豌豆、香菇丁放入锅中继续炒 1 分钟后放入鸡丁，**4** 倒入鸡汤，加入生抽、盐、糖、玉米粒，煮 2 分钟。

4 **5** 最后开大火，淋入水淀粉，收汁即可。

丰富素菜

莴笋胡萝卜

第三周

用料

- ○ 莴笋 1 根
- ○ 胡萝卜 1 根
- ○ 鸡汤 300 毫升

调料

- ○ 盐 1/4 茶匙（1 克）
- ○ 水淀粉 1 汤匙（15 毫升）

做法

1 莴笋、胡萝卜去皮后分别切成片。1 锅中倒入鸡汤，先放胡萝卜片煮 1 分钟，2 再放入莴笋片煮 1 分钟。

2 最后加入盐，3 淋入水淀粉即可。

超级罗嗦

这道菜的材料比较简单，所以不建议用清水代替鸡汤，那样味道会很寡淡。

如果觉得莴笋和胡萝卜比较硬，就稍微多煮一会儿，但时间不要太久，久了就不好吃了。

最后用水淀粉勾芡能让这道汤菜吃起来口感更好。

丰富素菜

腐竹芹菜

第三周

用料

- 腐竹 3 根
- 普通芹菜 6 根
- 鸡汤 250 毫升

调料

- 盐 1/4 茶匙（1 克）
- 水淀粉 1 汤匙（15 毫升）

做法

1 ①腐竹浸泡在凉水中直到泡发，摸起来软软的就可以了。②芹菜摘掉叶子，切掉老根，洗净后斜切成芹菜片，腐竹发好后也切成宽约 2 厘米的菱形块。

2 ③锅中倒入少许油，油温微热时放入芹菜，④炒到颜色变翠绿时放入腐竹，倒入鸡汤，大火烧开后转中小火煮 5 分钟左右，撒盐，⑤最后淋入水淀粉，收好汤汁即可。

Let's go!

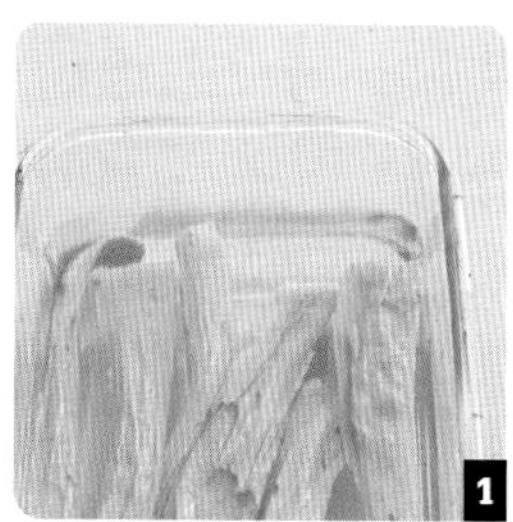
1

2

3

4

5

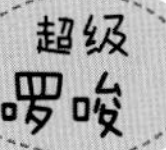

超级罗嗦

- 腐竹最好用凉水泡，大概要泡 3 个小时才能泡发好。
- 没有鸡汤的话，用清水也可以，盐要少放一点儿。
- 这道菜用西芹或者香芹都可以。

美味主食

香菇卤肉饭

第三周

用料

- 五花肉 500 克
- 干香菇 8 个
- 红葱头 8 个

调料

- 生抽 1 汤匙（15 毫升）
- 老抽 1 茶匙（5 毫升）
- 冰糖 8 粒
- 盐 1/4 茶匙（1 克）

做法

1. 1 干香菇洗净后，凉水浸泡至变大变软，洗净，切小丁；红葱头切片；五花肉切食指粗细的条。
2. 2 锅中放入油，凉油下入葱片，小火慢慢炸至颜色变金黄后捞出，平铺在厨房纸上。
3. 3 锅里的油不要倒掉，放入肉条，大火煸炒至肉表皮发黄时放入香菇丁，4 倒入可以没过食材的水，5 加入生抽、老抽、冰糖、盐，大火煮开后，6 转小火煮 60 分钟左右。
4. 7 最后放入炸好的红葱酥，8 大火收汁即可。

超级啰唆

- 炸红葱酥的时候最好用红葱头，这种葱头比洋葱小，但是香味浓郁，如果买不到的话，也可以用紫皮洋葱代替。
- 红葱酥是使卤肉饭香味浓郁的一个重要因素，所以不建议省略。炸好的葱油还可以拌面或者做其他菜用。
- 泡发干香菇的水最好不要倒掉，直接放入肉中炖，味道更好。
- 做卤肉饭的五花肉不要切得太大，食指粗细就可以了，而且要多炖一会儿，炖得软糯一点才更好吃。
- 红葱酥炸好后要马上捞出并平铺开，否则余温会使红葱酥变焦。
- 最后的汤汁可以稍微多留一点儿，拌米饭吃。

美味主食

黑米饭

用料

- ○ 黑米 80 克
- ○ 红枣 5~8 颗
- ○ 葡萄干 3 克
- ○ 水 150 毫升

做法

1 **1** 黑米淘洗干净，用水浸泡 4 个小时。

2 红枣和葡萄干洗净备用。

3 **2** ~ **3** 直接将浸泡过的黑米、红枣、葡萄干一起放入电饭锅中，按照平时煮饭的步骤煮好即可。

Let's go!

1

2

3

超级啰嗦

黑米不容易煮熟，浸泡时间要久一点儿。

煮饭前先用水浸泡米，可以使米软化，让米更好吃。

这道黑米饭加入葡萄干、红枣，口感更丰富，味道也更好。

美味主食

素馅小包子

第三周

用料

- 面粉 250 克
- 白糖 5 克
- 油 5 毫升
- 酵母 3 克
- 泡打粉 2 克
- 水 125 毫升
- 小油菜 7 棵
- 鸡蛋 3 个
- 鲜香菇 4 个
- 虾皮 1 小撮
- 香干 3 片
- 粉丝半把

调料

- 生抽 2 茶匙（10 毫升）
- 盐 1/4 茶匙（1 克）
- 蚝油 1 茶匙（5 克）
- 糖一点点
- 香油 2 茶匙（10 毫升）

做法

1 1油菜、香菇洗净后放入开水中焯烫 2 分钟后捞出，2稍微挤掉些水分，切成小碎丁；粉丝提前用开水泡软切碎；香干切碎；3鸡蛋打散，放入热油锅中炒成金黄色后，用铲子捣碎，晾凉。

2 4将香菇碎、油菜碎、粉丝、香干碎、鸡蛋碎、虾皮放入容器中，加入所有调料拌匀。

3 5～6酵母放入水中，用筷子搅拌均匀后倒入已混有糖、油、泡打粉的面粉中，揉成光滑的面团，7盖上保鲜膜，饧发面团至 2 倍大。8用手在面团上戳洞时，面不回缩即可。9取出发好的面团，揉 2 分钟，分成大小合适的剂子，擀成中间厚、四周薄的面皮。

4 10将拌好的馅儿放入面皮中，左手托住面皮，右手提着面皮边缘捏褶子，包成包子形状。11放入蒸屉上，盖上盖子二次饧发，15 分钟后，拿起包子觉得明显变轻了，就可以蒸了。凉水上锅蒸，大火将水烧开，上汽后转中火，蒸 8 分钟左右。蒸好后，焖 2 分钟再打开盖子。

超级罗嗦

焯烫青菜时注意时间不要太久，稍微挤出些水分即可，粉丝和鸡蛋可以吸收菜里的水分。

面团不要发得太过，不然包子褶容易消失。

如果怕盖子上的水蒸气滴在包子上，可以用一块布将盖子包起来。

蒸包子时不能一直大火蒸，水开后，就换成中火。

3

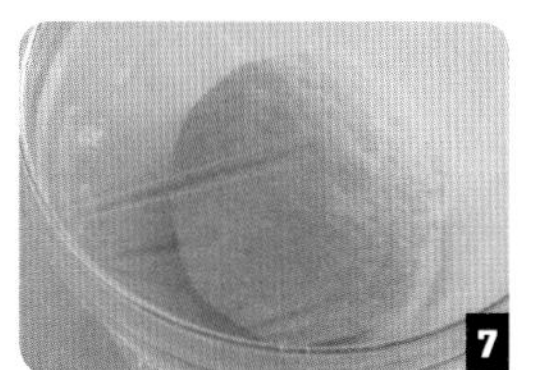
7

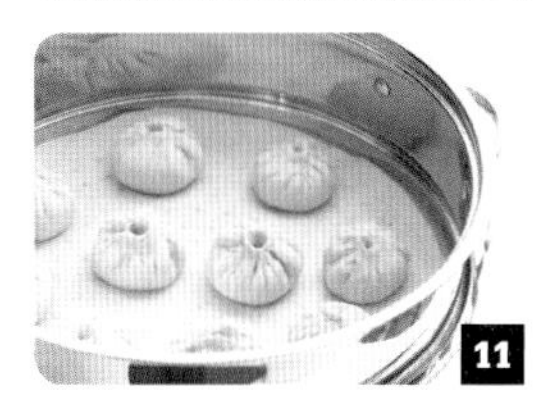
11

轻松加餐

百合山药南瓜双薯羹

第三周

用料

- 红薯半个
- 紫薯半个
- 山药半根
- 南瓜1小块
- 鲜百合1头
- 冰糖5粒

做法

1. 1 山药、南瓜、红薯、紫薯去皮，切成1厘米见方的小丁，百合掰成小片。

2. 2 ~ 3 山药丁、南瓜丁、双薯丁、百合、冰糖全部放入盛有水的锅中，大火煮开后，中小火煮20分钟左右即可。

Let's go!

1

2

3

超级啰唆

这道甜羹做法非常简单，颜色鲜艳，口味清甜，很适合给坐月子的妈妈换口味，不然总是小米粥或鸡蛋，吃多了很容易烦。

这些根茎类的蔬菜性质都比较温和，还有淡淡的甜味，再加上健脾的山药和润肺的百合，新妈妈吃了胃会很舒服，也不容易上火，最主要的是还能治疗便秘。

抛开食物的功效不谈，月子里有的时候容易心烦气躁，来一碗清甜养眼的小加餐，能让新妈妈的心情一下子好起来。

最好用鲜百合，其他食材如果不齐全的话可以少放一两种。

[illegible]血暖茶

红枣党参桂圆茶

第三周

[illegible]料

- 党[illegible]2 根
- 红[illegible]10 个
- 桂[illegible]肉 8 粒
- 生姜[illegible]小片

做法

1. 1 党参和红枣洗净后用清水浸泡 20 分钟，桂圆洗净，生姜切片备用。
2. 2 全部食材放入汤煲中，再加入 1 500 毫升（约 6 碗）清水，3 大火煮沸后转小火煲 45 分钟即可。
3. 煮好后装在保温杯中，代茶饮用。

超级啰唆

♡ 刚生完宝宝的新妈妈，在月子期间都可能会有心慌气短，气不够用，没劲儿的感觉，这时候就可以让家人煮这道茶喝，不光能补气养血，还能安神，改善睡眠质量。

♡ 党参能够补中益气，养血生津，而且滋补的效果比较平和。与人参相比，党参更适合需要进补但脾胃虚弱的人。

♡ 红枣和桂圆除了能让这道茶的口感更好，还能补血益气，宁心安神。这道茶喝几天后，一般就能感觉到身体的变化，甚至连气色都跟着变好了。

♡ 因为红枣和桂圆都有甜味，所以这道茶不需要放红糖，月子里也不用每喝一种东西都放红糖。姜的作用也很大，可以暖胃驱寒，促进血液循环。

滋补鲜汤

香菇炖乳鸽

第四周

用料

- 乳鸽 250 克
- 干香菇 2 朵
- 红枣 2 个
- 玉兰片 1 小把
- 水 1 000 毫升
- 姜片 25 克

调料

- 盐一点点

做法

1 **1** 乳鸽洗净后切成 5 厘米大小的块。干香菇提前用凉水泡软，切成小块，红枣洗净，玉兰片洗净后沥干水分。

2 **2** 鸽子放入开水中焯烫 2 分钟，撇掉浮沫后捞出。

3 **3** 把焯好的乳鸽放到锅里，加入水、盐、姜片、香菇、红枣和玉兰片，**4** ～ **5** 盖上锅盖，煲 45 分钟左右即可。

Let's go!

1

2

3

4

5

超级
啰唆

乳鸽的滋补作用很好，还能促进伤口愈合，所以很适合刚生产完的新妈妈喝。加一些香菇、红枣、玉兰片，能让汤的味道更好，这样即使少放一点盐，也不会觉得味道寡淡。

炖汤的时候最好用干香菇，这样味道会比较浓郁。

姜最好用老姜，切片后提前用黑芝麻油煸炒到金黄色，再和乳鸽一起炖。

超级啰唆

中国各地的月子饮食中，猪蹄都是一种少不了的重要材料，多吃猪蹄，多喝猪蹄汤，对产后妈妈的乳汁分泌能起到非常好的帮助作用哦。

这道汤不但可以下奶，常喝还能美容，喝几次后你就会发现自己的皮肤变得特别好了呢。

花生猪蹄汤

第四周

用料

- 猪蹄 400 克
- 花生 50 克
- 姜 25 克

调料

- 盐一点点

做法

1. 猪蹄洗净剁成块（可以让店家代为完成）；1 花生去掉红衣，剔除胚芽，2 用水焯烫一下沥干备用。
2. 3 猪蹄放入沸水中焯烫 3 分钟去除血水，捞出后洗净备用。
3. 4 ~ 7 另起一锅，加入焯好的猪蹄、煸好的姜片、花生、水、盐，8 炖煮大约 90 分钟即可。

滋补鲜汤

干贝鲫鱼汤

第四周

用料

- 鲫鱼 350 克
- 干贝 9 克
- 姜 25 克

调料

- 盐一点点

做法

1 鲫鱼去鳞，去内脏，清洗干净后切块。1 干贝洗净后用清水浸泡 30 分钟。

2 用厨房纸把鱼身擦干，2 大火热锅放入鱼，转小火煎到鱼皮上色。

3 3 锅内加入煎好的鱼块、干贝、煸好的姜片，倒入开水、盐，4 ~ 5 盖上锅盖，煲 40 分钟即可。

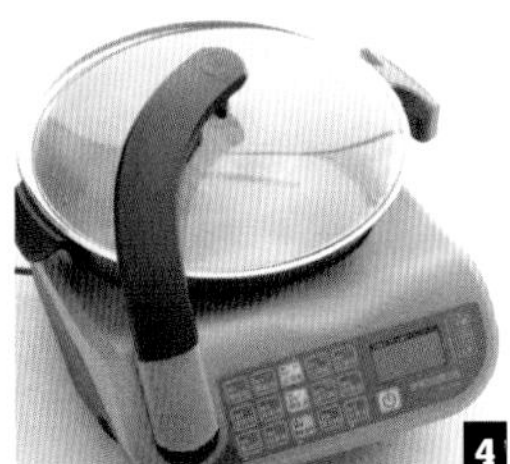

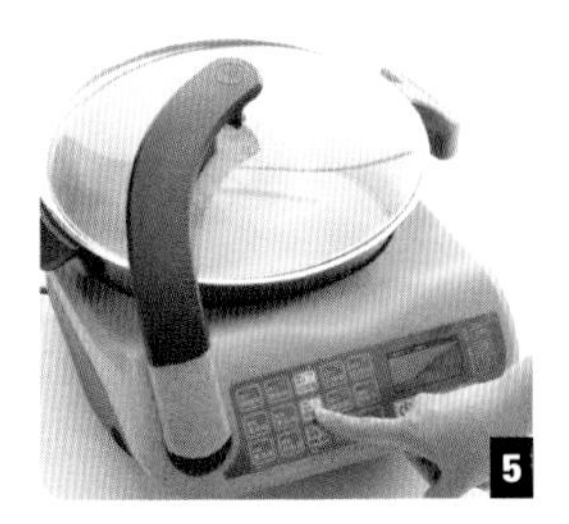

超级啰唆

姜片最好用黑芝麻油提前煸炒到金黄，这样滋补的效果更好。

泡发干贝的水不要倒掉，炖鱼的时候放进去味道会更鲜美。

超级罗嗦

刚生完宝宝的准妈妈，需要喝汤滋补下奶，但汤又不能太油腻。鱼汤就是非常不错的选择，尤其是鲫鱼，一直以来都是月子里的必备汤。

干贝最好选择颜色发黄，形状完整，坚实饱满，肉质干硬的。

加了干贝的鱼汤，味道更鲜美，滋补的作用也能更好地发挥，还能弥补一下月子汤没什么味道的缺憾哦！

鲫鱼可以切块，也可以整条炖。煎的时候最好用不粘锅，比较好操作。

除了鲫鱼，还可以用其他鱼来炖汤。鱼肉的肉质比较细嫩，好消化，既能下奶又对身体没什么负担，尤其适合坐月子里的晚餐，不过也要等乳腺通畅了之后再开始喝哦！

滋补鲜汤

红莲子核桃煲猪瘦肉

第四周

用料

- 猪瘦肉 250 克
- 姜 2 片
- 红莲子 8 克
- 核桃 8 个

调料

- 盐一点点

做法

1 **1** 核桃和红莲子冲洗干净后，清水浸泡 20 分钟。

2 **2** 猪肉切 3 厘米大小的块，放入清水中煮开后撇去血沫，捞出后用清水洗净。

3 **3** 处理好的各种食材一起放入汤煲中，加入 2 000 毫升清水（约 8 碗），大火烧开后转小火煲 90 分钟。

4 关火后加少许盐调味即可。

超级啰唆

这道汤加了核桃和红莲子，有益肾填精，补心健脑的功效，对生完宝宝之后因虚损引发的盗汗现象有改善作用。

如果是在秋冬季节坐月子，可以在煲汤的时候加 10 颗栗子。

猪肉一定要焯烫，去除血沫再用。

营养肉菜

酱焖牛肉

第四周

用料

- 牛肉 1 000 克（最好买上脑位置）
- 香菜 1 把
- 胡萝卜 1 根
- 姜 1 小块
- 葱白 3 节（拇指长）

调料

- 八角 2 颗
- 花椒 20 粒左右
- 桂皮 1 小块
- 生抽 2 汤匙（30 毫升）
- 老抽 1 汤匙（15 毫升）
- 糖 1 茶匙（5 克）

做法

1 **1** 牛肉切块，放入清水中浸泡 2 小时，倒掉血水后反复清洗几次，然后充分沥干。

2 **2** 炒锅中倒入油，大火加热，待油五成热时，放入洗净沥干的香菜根，煎出香味，直到香菜根被煎软变色后盛出。

3 **3** 把牛肉倒入锅中，不停翻炒 5 分钟左右，炒到牛肉变色后盛出，锅中的水倒掉不要。用水冲净牛肉上的沫子，然后沥干。

4 **4** ~ **6** 把八角、花椒和桂皮放入一次性的汤料包中，将牛肉、姜片、葱白、料包放入锅中，倒入生抽、老抽、糖、开水，水没过食材即可，不要太多。

5 **7** ~ **8** 盖上盖子，按“牛肉—炖焖”键，焖好前 10 分钟加入切块的胡萝卜，再用“收汤”功能煮 10 分钟即可。如果用普通的汤锅，煮约 90 分钟后加入胡萝卜即可。

超级啰唆

做这道菜，用牛肉的上脑部分会比较好。买肉的时候，直接询问超市的工作人员，或者菜市场肉摊的老板，他们会帮你的。

在做这道菜时，牛肉是不焯烫的，因此提前用清水浸泡能帮助去掉一部分血水。炒制后，牛肉出的水一定要倒掉，并将牛肉上面附着的血沫用热水冲洗干净。

虽然月子期间要吃清淡的食物，但经历过的人都明白，清淡的东西吃几天行，坚持吃一个月，真的会让胃口变差。所以，当你很馋很馋的时候，记得让家人帮你做点味道稍微重一点点的菜式。当然了，只是相对而言，即便味道偏重，也还是要比非月子期间的味道清淡。

用煎过香菜根的油煸炒牛肉，会留下一股独特的香味。最后放入胡萝卜，能让这道菜融入一些甜丝丝的味道。所谓味道浓郁点的菜，并不是指放很多盐或者酱油，而是用其他的食材使菜的味道变得浓郁、丰富。

月子期间，我们不吃辣椒，但偶尔用点其他的调料没有问题，不用过于紧张。炖肉时，放调料是为了去腥增香。

超级啰嗦

鱼比较滑，片鱼片时，可以找一块抹布压在鱼身上。

鱼片片开之后再蒸，不光容易入味，吃起来也更方便，而且易熟。剩下的鱼骨可以熬汤喝。如果觉得麻烦，不片直接蒸也可以，不过时间要稍微延长一点儿。

香葱铺在盘底既可以增香又可以去腥。

营养肉菜

香菇木耳蒸鲈鱼

第四周

用料

- ○ 鲈鱼 1 条
- ○ 胡萝卜半根
- ○ 鲜香菇 3 个
- ○ 木耳 4 朵
- ○ 香葱 4 根
- ○ 姜 3 片

调料

- ○ 蒸鱼豉油 1 汤匙（15 毫升）
- ○ 盐 1/4 茶匙（1 克）
- ○ 香油 4 滴
- ○ 黄酒 1 茶匙（5 毫升）

做法

1 1～2 鲈鱼洗净，沿鱼骨将鱼一分为二，再纵向切一半。香菇切片，胡萝卜切片，木耳提前泡发后撕成小朵。

2 3 鱼片上撒盐，倒入黄酒、葱（3 小段）、姜片腌 20 分钟。4 把剩余的香葱切成 5 厘米长的段，铺在盘底，5 将腌好的鱼片放在香葱上，6 鱼身上放上姜片、香菇片、胡萝卜片、木耳，7 倒入蒸鱼豉油，放入蒸锅中，8 大火蒸 10 分钟左右。

3 鱼蒸好后淋上香油即可。

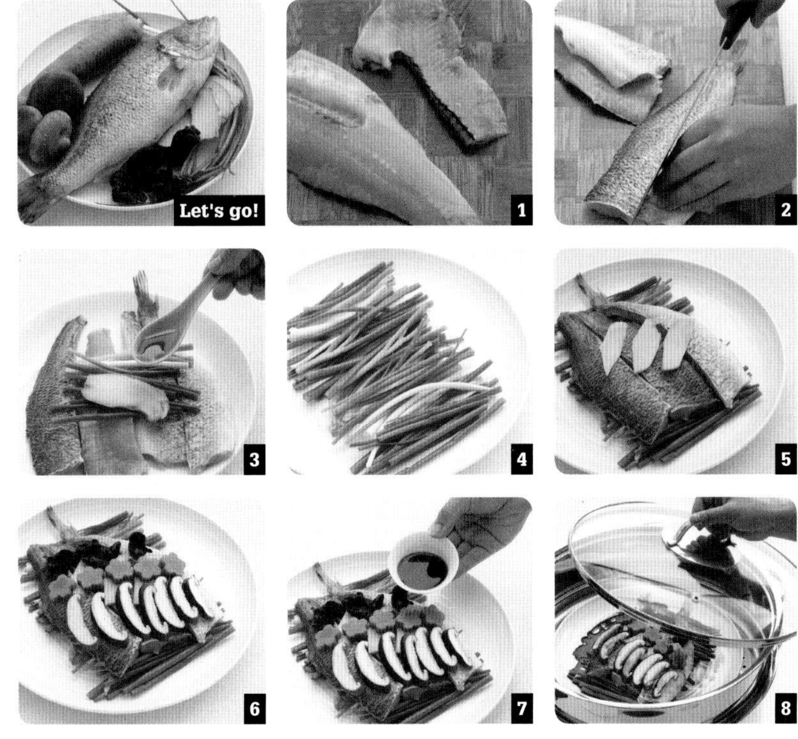

丰富素菜

白灼芥蓝

第四周

用料

○ 芥蓝 300 克
○ 花椒 4 粒

调料

○ 生抽 1 茶匙（5 毫升）
○ 蚝油 1 茶匙（5 克）
○ 糖 1/4 茶匙（1 克）
○ 水 2 茶匙（10 毫升）

做法

1 **1** 芥蓝洗净，用尖刀削掉老根。将蚝油、生抽、糖、水放入容器中调匀备用。

2 **2** 锅中放入清水，倒入 1 小勺食用油，一点点盐，**3** 水开后放入芥蓝，焯烫 1 分钟左右，变颜色后马上捞出，放入冰水中浸泡至变凉，捞出沥干水分。

3 炒锅中放入一点点油，油温微热时放入花椒粒，中火煸出香气后将花椒捞出。把调好的汁倒入锅中，开中小火，糖溶解后关火，把芥蓝放入锅中拌匀即可。

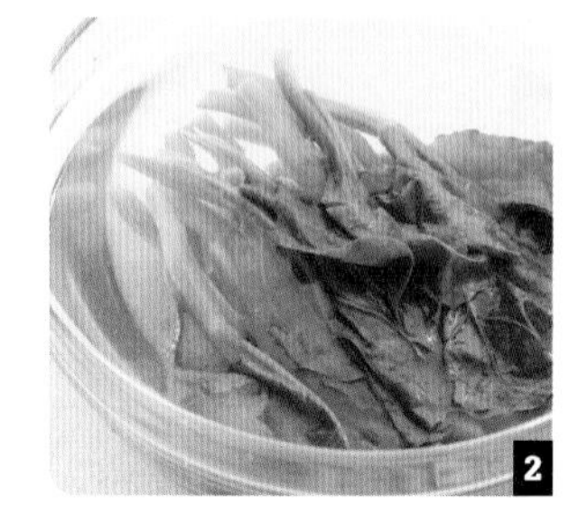

超级啰嗦

♡ 芥蓝和菜心有些像。芥蓝的茎要粗大些，而且叶子也宽大一些。

♡ 芥蓝的根部最好多削掉一点，这样口感更好。

♡ 关火后把芥蓝重新放入锅中可以将味道拌得更均匀。

超级啰唆

香菇用新鲜的比较好，不要用干的。香菇买回后放入淡盐水中浸泡，伞面朝下，这样能把杂质泡出来。

可用其他绿叶菜代替油菜心。月子里的每餐饭都建议有至少一种绿叶菜，这对产后妈妈的便秘有很好的缓解作用。

丰富素菜

油菜心香菇胡萝卜

第四周

用料

- 香菇 4 朵
- 小油菜心 10 棵
- 胡萝卜半根
- 枸杞 7 粒
- 鸡汤 200 毫升

调料

- 盐 1/4 茶匙（1 克）
- 水淀粉 1 汤匙（15 毫升）

做法

1 **1** 香菇洗净，每朵切成 4 块，小油菜心洗净，胡萝卜切片，**2** 枸杞放入凉水中浸泡。

2 **3** 水烧开后放入香菇、胡萝卜、油菜心，烫 2 分钟后捞出。**4** 将焯好的蔬菜放入鸡汤中，加盐，**5** 煮 2 分钟后放入枸杞再煮半分钟。

3 最后开大火，淋入水淀粉收汁即可。

Let's go!

1

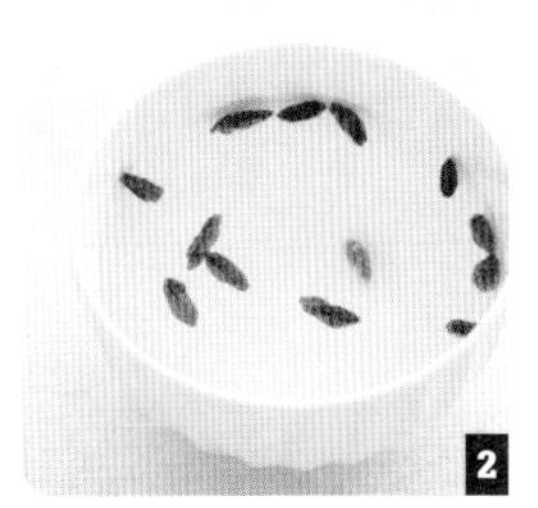

2

3

4

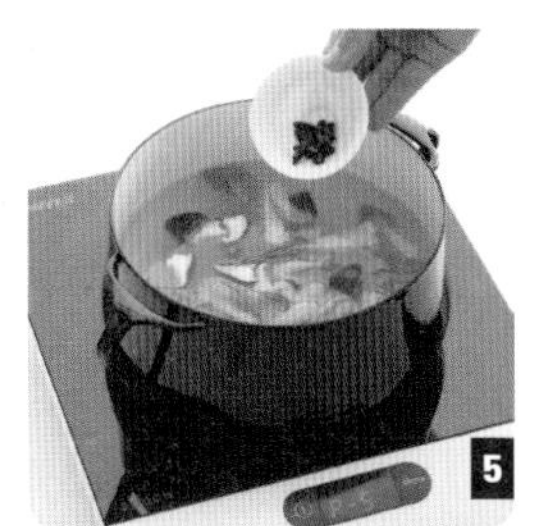

5

美味主食

葱花饼

第四周

用料

- 面粉 300 克
- 香葱 2 根

调料

- 盐 1 茶匙（5 克）
- 油 30 毫升
- 热水 160 毫升

做法

1 **1** 将热水慢慢倒入面粉中，同时用筷子搅拌，**2** 当面不是很烫手时用手揉成面团，盖上保鲜膜饧 30 分钟左右。葱切成葱花备用。

2 **3** 面团饧好后分成 6 份，分别揉匀成团。**4** ~ **5** 取一个面团擀薄，抹油，撒盐、葱花，**6** ~ **8** 从一边卷起，卷好后再如图盘成螺旋状，最后将口收好，盖上保鲜膜放置 10 分钟。**9** 饧好后用擀面杖擀薄，把 6 份面团都按照这个步骤做成薄饼。

3 **10** 平底锅中滴入少许油，油温微热时放入一个面饼，中小火煎，**11** 一面呈金黄色后再翻面，滴入少许油，两面都煎成金黄色即可。

一定要用热水和面，这样饼会比较软，水量要视面粉的吸水程度而定。

饧面时一定要盖上保鲜膜，防止表面变干。

葱花尽量切细一点，不然擀饼时会弄破饼皮。

饼不厚，所以不加盖烙也可以。煎的时候要时不时地转动锅子，使饼均匀受热。

美味主食

五谷饭

第四周

用料

- 大米 65 克
- 糯米 15 克
- 黄小米 5 克
- 薏苡仁 5 克
- 水 120 毫升

做法

1. 1将食材洗净，加水浸泡 1 个小时。
2. 2 ~ 3直接将浸泡好的食材放入电饭锅中，再加入适量的饮用水，按照平时煮饭的步骤煮好即可。

超级啰唆

煮饭前先用水浸泡米，可以使米软化，让米更好煮也更好吃。

这几种米功效各异，搭配在一起煮饭既美味又营养。大家也可以用其他杂粮来做，月子里的饮食品种最好多样一点儿。

轻松加餐

桂圆糯米粥

第四周

用料

- 糯米 30 克
- 桂圆肉 5 克
- 红糖 10 克
- 水 700 毫升

做法

1 桂圆肉洗净沥干，糯米加水浸泡 2 个小时。

2 1 将糯米连同泡糯米的水一起放入锅中，加入桂圆和红糖，2 盖上锅盖，按下煮粥键即可。

Let's go!

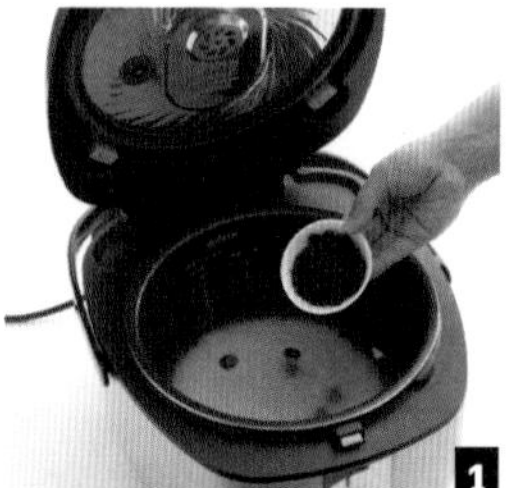
1

2

超级啰唆

如果不用电饭锅煮粥，用普通汤锅的话，可以在水烧开之后放入糯米，煮大约 30 分钟后放入桂圆，再煮 10 分钟，加红糖调味就可以了。

糯米是比较温和的滋补品，能够补益气血，还能健脾暖胃。整个月子中都可以喝这个粥。

糯米有黏性，不是很好消化，所以每次最好不要喝超过两碗。

搭配桂圆和莲子既能够补气血，又能宁心安神，加上桂圆淡淡的甜味，即使不放红糖，味道也很好。

红糖可以在熬煮的时候放，也可以最后放，注意不要放太多。

超级罗嗦

这道陈皮炒米茶，是比较经典的一道产后代茶饮，可以帮助产后的新妈妈调理肠胃。陈皮能理气化湿，炒米除了能健脾消食，还有养胃暖胃的功效。

这个茶可以只喝水，也可以连里面的炒米一起吃，不过炒过再煮的米口感不是很好。不方便煮的话直接冲泡喝也可以。

炒米的做法：大米洗净沥干水分后摊开晾干。用干净无油的炒锅小火不停翻炒，直到米粒变成金黄色，有香味飘出时就可以了。注意一定要全程小火，一次可以多做一些，晾凉后密封保存，放到阴凉干燥的地方随用随取。

陈皮在中药店和茶叶铺都可以买到。月子里没用完的话，还可以用它炖肉。

补血暖茶

陈皮炒米茶

第四周

用料

- 陈皮 1/3 块
- 炒米 25 克
- 水 1 000 毫升

做法

1 1 陈皮冲洗干净，用清水泡软后刮去里面的白瓤，2 然后切成丝备用。

2 3 ~ 4 锅中加入 1000 毫升水，放入陈皮丝和炒米。

3 5 大火烧开后转小火煮 20 分钟左右即可。

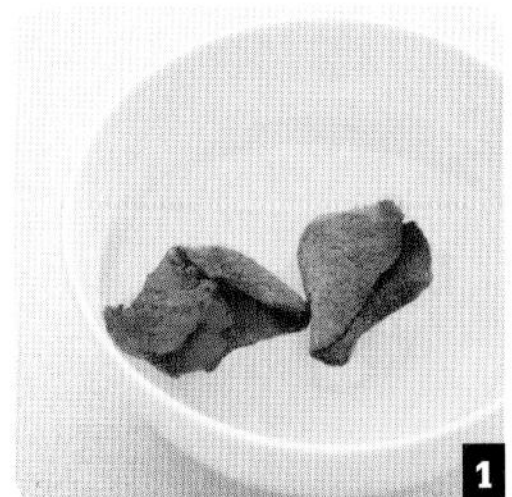

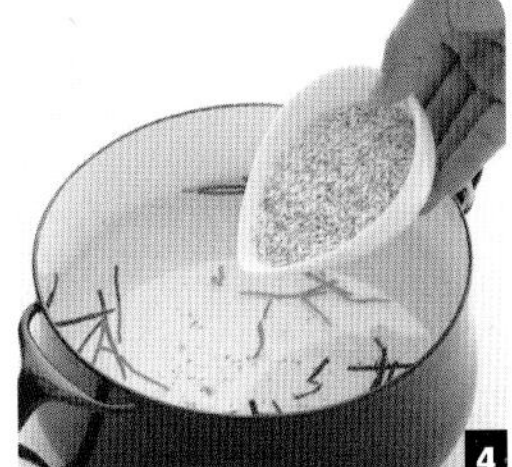

马上瘦!

宝宝和妈妈之间的最佳平衡

滋补鲜汤

蘑菇冬瓜汤

第五周

用料

- 香菇 5 朵
- 茶树菇 6 根
- 口蘑 5 朵
- 草菇 5 朵
- 杏鲍菇 1 个
- 蟹味菇半盒
- 冬瓜 300 克
- 蒜 6 瓣

调料

- 盐 1/4 茶匙 (1 克)

做法

1 **1** 所有蘑菇洗净，香菇、口蘑、草菇一切 4 块，茶树菇、蟹味菇切小段，杏鲍菇切片，冬瓜切一口大小的滚刀块，大蒜去皮。

2 **2** 锅中放入底油，小火将蒜煸成金黄色，**3** 然后放入所有蘑菇炒 1 分钟，**4** 加入水（水量要盖过蘑菇，并且高出一食指），大火烧开后，转小火煮 40 分钟左右，**5** 放入冬瓜，加入盐，再煮 15 分钟左右即可。

超级
啰唆

妈妈生完宝宝之后总喝各种肉汤，时间久了容易腻，这时可以让家人给你做一下这道素汤换换口味。这道汤味道很鲜美，新妈妈们可以试试哦。

可以选择能买到的任何蘑菇。

蒜要用小火煎黄，煎香，这样能让汤的味道更好。

超级啰唆

姜片用黑芝麻油提前煸炒到金黄，这样滋补的效果更好。也可以直接用一个可以煲汤的锅先煸好姜片，再加入焯好的排骨炖煮。

木瓜最好选择青绿色的，发奶的效果会比较好。

排骨好消化，又能提供钙质，是大多数妈妈都能接受的肉类食材；青木瓜能帮助发奶，催奶，还能淡化斑点，美容养颜。新妈妈加油喝吧。

木瓜排骨汤

用料

- 排骨 250 克
- 木瓜半个
- 姜 25 克

调料

- 盐一点点

做法

1 木瓜去皮去籽后切块，姜切片备用。

2 1排骨洗净后切块，放入锅中，倒入清水，大火煮开后去除血沫，然后用清水洗净备用。

3 2～4另起一锅加入焯好的排骨、煸好的姜片、水、盐，大火煮开，5炖 60 分钟后放入木瓜块，再煮 15 分钟即可。

滋补鲜汤

膳食羊腩汤

第五周

用料

- 羊腩 300 克
- 红枣 5~8 颗
- 枸杞 3 克
- 姜片 25 克

调料

- 盐一点点
- 黑芝麻油

做法

1 羊腩洗净后切成 4 厘米大小的块，红枣和枸杞放入清水中浸泡 10 分钟后洗净沥干。

2 1 ~ 2 锅中放入羊腩，加入用黑芝麻油煸好的姜片和水，3 大火煮开后撇去浮沫。撇沫的时候可以用勺子搅动一下羊肉，让锅底的浮沫漂上来。

3 4 撇好沫后加入红枣，转小火炖大约 90 分钟，5 加入枸杞再煮 5 分钟就可以了。

羊肉比较适合温补，温中益气，尤其适合秋冬季节生产的妈妈们。产后体内会偏虚寒，喝一些羊肉汤有很好的补益作用。

如果生完宝宝有气血亏虚、怕冷的症状，这道汤就更合适不过了，它不光能增强体力，还能帮助新妈妈下奶呢。

姜片用黑芝麻油提前煸炒到金黄，或者一次性多煸出一些，反正月子里每天都要煲汤，用起来会方便一些。

超级啰唆

羊肉直接买涮火锅用的羊肉片就可以，炒出来比较嫩，月子里吃会比较好消化。

这道菜的葱量要稍大一些，差不多要一根大葱的葱白部分，葱少了不好吃。

出锅前淋入米醋能让这道菜的味道更好，建议不要省略，而且最好用米醋。醋是为了提味儿，千万不要多了，否则会酸，这道菜也就毁了。而且月子里尽量不要吃酸的东西哦。

这道菜记得一定要用大火快炒，羊肉炒太久，就会变老，不好吃了。

营养肉菜

葱爆羊肉

第五周

用料

- 羊肉片 300 克
- 大葱 1 根
- 香菜 3 根

调料

- 生抽 1 茶匙（5 毫升）
- 米醋 2 茶匙（10 毫升）
- 盐 1/4 茶匙（1 克）
- 糖 1/3 茶匙（2 克）

做法

1 [1] 大葱斜切片， 香菜洗净后切成 3 厘米长的段。

2 [2] 锅中倒入油，油七成热时放入羊肉片，用大火炒，[3] ~ [4] 当羊肉片开始变白时，放入葱片、盐、生抽、糖，炒匀。

3 [5] 将肉片炒至完全变白后，淋入米醋，撒上香菜段，盛出即可。

Let's go!

1

2

3

4

5

营养肉菜

酱猪蹄

第五周

用料

○ 猪蹄 2 个
○ 葱白 1 段
○ 姜 3 片

调料

○ 生抽 1 汤匙（15 毫升）
○ 老抽 2 茶匙（10 毫升）
○ 冰糖 5 粒
○ 盐 1/4 茶匙（1 克）
○ 水量：1 200 毫升（包含所有液体原料）

做法

1. 1 猪蹄剁成大块，放入沸水中焯烫一下，捞出后冲净表面的浮沫，沥干备用。
2. 2 ~ 4 锅内放入全部的调料、水和焯好的猪蹄。
3. 5 盖上锅盖，按下“收汁—猪蹄”键，启动烹饪程序。
4. 等程序结束之后，打开锅盖，搅匀即可盛出。如果用普通锅，水开后中小火煮约 100 分钟即可。

这个酱猪蹄如果不是做给月子里的新妈妈吃，可以根据自己的口味多加一些盐或者酱油。

猪蹄上的毛比较难收拾，买的时候尽量挑仔细些，或者请卖家代为处理。

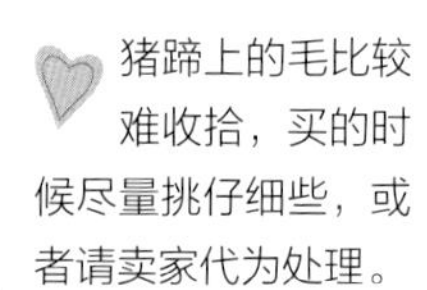

超级啰唆

- 牛肉要横着肉的纹理切，尽量切得薄一些。
- 腌牛肉时可以加一点儿水，倒入水后要用手充分抓匀，这样肉里会吸满水分，吃起来更嫩。
- 牛肉在炒之前先放入开水焯一下，口感会更嫩。
- 青椒片很容易熟，所以要最后放。

营养肉菜

青椒牛肉片

第五周

用料

- 牛里脊 400 克
- 青椒 2 个

调料

- 生抽 2 茶匙（10 毫升）
- 干淀粉 1 茶匙（5 克）
- 盐 1 克
- 水 1 汤匙（15 毫升）
- 香油 1 茶匙（5 毫升）
- 糖 1/4 茶匙（1 克）
- 米酒 1 茶匙（5 毫升）

做法

1 **1** 牛肉洗净后横着肉的纹路切成薄片，青椒洗净后去籽，掰成小块。

2 **2** 牛肉片加入生抽、糖、水、米酒抓匀，再放入干淀粉、香油抓匀，腌 10 分钟。

3 **3** 锅中水烧开后放入牛肉，焯烫一下，到牛肉颜色变白后捞出，沥干水分。

4 **4** 另取一只锅，倒入少许油，放入牛肉片，**5** 炒 2 分钟后下入青椒片，炒 1 分钟后盛出。

Let's go!

1

2

3

4

5

丰富素菜

素拌五丝

第五周

用料

- 绿豆芽 80 克
- 豆腐皮 2 张
- 红、黄、绿彩椒各半个

调料

- 盐 1/4 茶匙（1 克）
- 糖一点点
- 香油 3 滴
- 生抽 1 茶匙（5 毫升）

做法

1 1 绿豆芽掐掉根部，冲洗干净。彩椒去籽，去掉内部白色筋膜，切成细丝，豆腐皮也切细丝。

2 2 水烧开后放入绿豆芽、彩椒丝、豆腐丝，焯烫 1 分钟后捞出沥干水分。

3 3 将烫好的蔬菜丝放入容器中，加入盐、糖、生抽、香油拌匀即可。

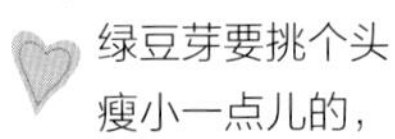

♡ 绿豆芽要挑个头瘦小一点儿的，太粗壮的一般不是自然生长的。

♡ 绿豆芽焯烫后不用过凉水，否则对月子里的妈妈来说，菜会太凉了。焯烫完直接加调料搅拌就好。

丰富素菜

田园青菜钵

第五周

用料

- 大米半杯（量杯）
- 菊花菜（小油菜、菜心都可以）1 棵
- 玉米粒一小把
- 水（水和米的比例是 5:1）

调料

- 盐 1/4 茶匙（1 克）

做法

1. 1将米和水放入锅中煮 20 分钟左右，2熬出米汤后关火过筛，只留米汤。
2. 3菊花菜掰成小片，清洗干净后同玉米粒一起放入开水锅中煮 2 分钟后捞出。
3. 4将焯好的青菜切小丁，5然后把青菜丁、玉米粒、盐一同放入米汤中继续煮 5 分钟即可。

- 用电饭锅自带的量杯量米就可以。
- 不一定非要用菊花菜，可随意换成自己喜欢的叶菜。
- 放入玉米粒能让这道菜味道更清甜，盐只需要放一点点，其实这个菜不放盐也很好吃，大家可以试试看。

美味主食

黄豆糙米饭

第五周

用料

- 糙米 80 克
- 黄豆 5 克
- 水 120 毫升

做法

1 将糙米洗净，用水浸泡 3 小时。

2 黄豆洗净，在水中浸泡 8 个小时。

3 糙米和黄豆，连同浸泡水一起混合。再加入少许饮用水，倒入电饭锅中按照平时煮饭的步骤煮好即可。

Let's go!

1

2

3

超级罗嗦

♡ 糙米和黄豆都不宜煮烂，所以要浸泡久一点儿。或者也可以将泡好的黄豆单独煮30分钟后再放入糙米中一同蒸熟。

♡ 糙米比起白米维生素更丰富，其中的矿物质与膳食纤维，对肥胖、贫血、便秘等问题都有很好的食疗作用。糙米和黄豆搭配后营养和味道都会比白米饭好很多。

美味主食

南瓜红枣核桃发糕

第五周

用料

- ○ 去皮南瓜 300 克
- ○ 白面 200 克
- ○ 玉米面 20 克
- ○ 白糖 20 克
- ○ 酵母 3 克
- ○ 泡打粉 2 克
- ○ 牛奶 100 毫升
- ○ 红枣 6 个
- ○ 核桃 8 个

做法

1 1 南瓜洗净切片，放入蒸锅中蒸熟，加入白糖搅拌成南瓜泥（大约是 230 克）。红枣洗净去核切碎。

2 2 白面和玉米面混合后加入酵母、泡打粉、牛奶、南瓜泥、红枣碎，用打蛋器搅拌均匀。3 找一个耐热的容器，周边和底部都涂上油，将面糊倒入容器中，发酵至 2 倍大，把核桃轻轻按在面糊的表面，将容器放入蒸锅内，大火烧开后转中火 25 分钟，然后关火焖 3 分钟左右。

3 4 ～ 5 取出容器，晾凉后把发糕从容器中取出，切块即可。

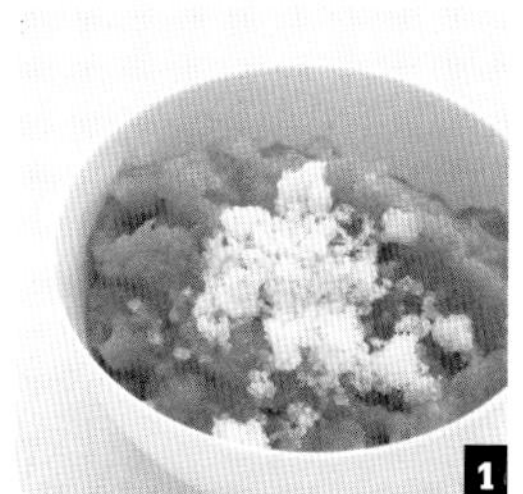
1

2

3

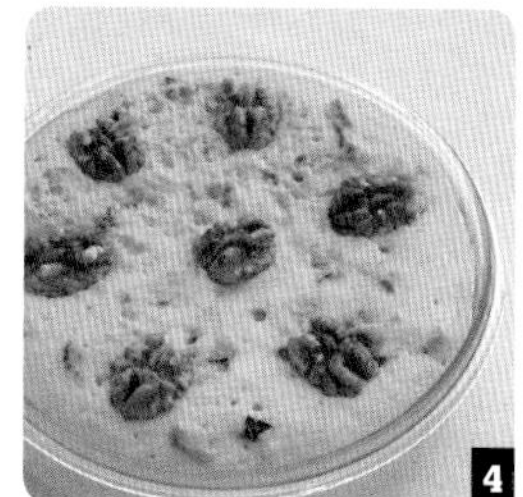
4

5

♡ 南瓜要选择又面又甜水分少的。

♡ 用耐热容器装面糊，比如烘焙用的模子，记得要涂油。

♡ 南瓜泥要晾凉再放入面粉中，否则会烫坏面团。

轻松加餐

双色薯泥

第五周

用料

- 红薯 2 个
- 紫薯 2 个

做法

1. 1 ~ 2 红薯和紫薯洗净表皮后切成厚片放入蒸锅中，大火蒸 20 分钟左右。
2. 3 将蒸好的红薯和紫薯取出，剥去外皮，用压薯泥器按压成细腻的薯泥即可。

Let's go!

1

2

3

超级啰唆

♡ 双色薯泥做法简单，很适合用作月子中的加餐。把蒸好的红薯压成泥吃着会更细腻，觉得麻烦的话直接吃也是可以的。

♡ 红薯最好买红心的，口感会比较甜和面。

♡ 将红薯切成厚片是为了让它熟得更快，如果买的是小个的红薯可以直接带皮蒸。

♡ 蒸红薯之前最好不要去皮，带皮蒸的会更有味道。

♡ 除了红薯和紫薯，也可以蒸一些南瓜和山药做加餐吃。

超级啰唆

猪蹄一直以来都是下奶的好食材，再加上富含植物雌激素的黄豆，这道汤月子喝再合适不过了。而且猪蹄搭配黄豆味道也很好，出了月子也可以喝，保证宝宝有足够的口粮。

姜片最好用黑芝麻油提前煸炒到金黄，那样滋补的效果更好。也可以直接用一个深一点的锅先煸好姜片，再加入焯好的猪蹄和水炖煮。

猪蹄汤比较油腻，乳腺还不通畅的时候尽量先别喝。

黄豆猪蹄汤

第六周

用料

- 猪蹄 400 克
- 黄豆 50 克
- 姜 25 克

调料

- 盐一点点

做法

1 猪蹄洗净剁成块（可以让店家代为完成）；1 黄豆提前半天用温水泡发，洗净沥干备用。

2 2 猪蹄放入沸水中焯烫 3 分钟去除血水，捞出后洗净备用。

3 3 ~ 7 另起一锅，加入焯好的猪蹄、煸好的姜片、水、黄豆、盐，8 炖煮大约 90 分钟即可。

滋补鲜汤

清炖牛腩汤

第六周

用料

- 牛腩 300 克
- 土豆 80 克
- 胡萝卜 30 克
- 姜 25 克

调料

- 盐一点点

做法

1 ■土豆和胡萝卜去皮后洗净切成滚刀块，牛腩洗净切成约 3 厘米见方的块，姜切片备用。

2 锅烧热后倒入黑芝麻油，加入姜片，小火把姜片煸至金黄色，■表面变皱后放入牛腩，■快速翻炒几下后加入水。

3 ■大火煮开后用勺子撇去浮沫，撇沫的时候搅动一下牛肉，让底下的血沫浮上来。

4 浮沫撇干净之后转中小火煮约 90 分钟，■加入土豆和胡萝卜，大火煮开后，再转中小火煮 20 分钟左右，盛出后加一点点盐即可食用。

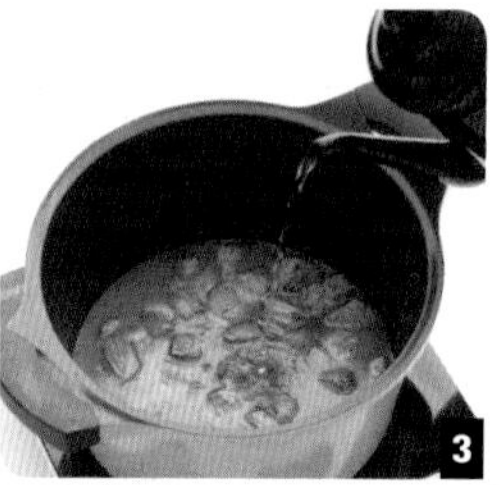

超级罗唆

♡ 因为加了土豆和胡萝卜，所以只加一点盐味道也不错，建议新妈妈喝完汤之后也吃一点儿肉和菜。汤水可以帮助发奶，菜和肉里有很多营养。

♡ 月子里最好是少食多餐，汤炖好之后放入冰箱，每次热一点喝就可以了。

超级啰唆

牛肉中的蛋白质和氨基酸比较丰富，特别适合产后妈妈滋补和调养身体。它还有提高抵抗力的作用，可以帮助气短体虚，贫血目眩的产后妈妈补充血液，修复组织，同时还能消除水肿，改善腰膝酸软的问题。所以用牛肉炖制的汤也是月子里很好的调养汤之一。

牛腩是牛肚皮上的肉，比较适合炖煮。在炖煮的过程中一定要把血沫撇干净，这样吃起来味道才比较好。撇的时候要用勺子搅动一下牛肉，好让底下的血沫浮上来。

这道清炖牛腩汤如果不是做给月子里的新妈妈喝，可以放一些香辛料，比如大料、香叶之类的，其实即便不放味道也非常好，多加点盐给孩子爸爸吃也可以哦。

超级啰唆

这款汤味道很好，在月子里喝，有使奶水充盈的作用。此外，还能清热润肺，增强免疫力，所以身体虚弱和亚健康的人群同样也适用。

虫草花和干贝在超市卖干货的地方都可以找到，超市找不到的话，就去网上搜搜喽，现在网上购物也很方便呢。食材等级不同价格也不同，按照你的喜好来选择，用来煲汤的话，不用非买品质顶级的虫草花和干贝。

给山药去皮时记得戴上胶皮手套，山药上的黏液粘到皮肤上会发痒。

虫草花干贝山药排骨汤

第六周

用料

- 排骨 500 克
- 虫草花 1 小把
- 干贝 6 粒
- 山药 1 根
- 姜 1 小块

调料

- 盐一点点

做法

1. 1 提前将干贝用水冲净，放入碗中，用清水浸泡 2 个小时。虫草花用水冲净，姜去皮切片备用。
2. 2 排骨洗净沥干，放入锅中，倒入清水煮开，撇去浮沫，捞出排骨，如果排骨上沾着少许浮沫，用水冲净，沥干放入锅中。
3. 3 再放入虫草花、干贝和姜片，4 倒入开水，没过食材 2 厘米，5 盖上盖子，煲 90 分钟，6 ~ 7 再放入山药煮 10 分钟。
4. 8 盛入碗中后，调入一点点盐就可以，不要多。

营养肉菜

香菇黄豆木耳蒸鸡

第六周

用料

- 鸡腿 3 个
- 木耳 4 朵
- 干香菇 6 朵
- 泡发黄豆 1 小把
- 葱白 1 小段
- 姜 2 片

调料

- 生抽 2 茶匙（10 毫升）
- 盐 1/4 茶匙（1 克）
- 糖一点点
- 米酒 1 茶匙（5 毫升）
- 白胡椒粉一点点
- 老抽 1/2 茶匙（3 毫升）

做法

1 1 鸡腿切成小块，干香菇、木耳提前泡发，葱白切片，泡好的木耳撕小片。黄豆放入锅中煮 20 分钟。

2 2 ~ 3 把鸡块放入容器中，加入所有调料，腌 30 分钟。

3 4 ~ 5 将腌好的鸡块、木耳、干香菇、黄豆放入一个耐热容器中，上蒸锅，上汽后，继续大火蒸 25 分钟左右。

超级罗嗦

鸡腿最好用琵琶腿，口感会比较嫩。

鸡腿可以直接剁成块，也可以去骨之后再切块。

黄豆要提前一夜泡发，并且最好先煮一会儿，这样更容易蒸熟。

干香菇最好选小朵的，如果是大的就要切成小块之后再蒸。

超级啰嗦

除了白菜，还可以放入土豆、豆角等食材，但是白菜容易熟，所以不要放得太早。

五花肉先放入无油的锅中煸炒，可以炒出多余的油脂，这样吃起来不腻，还能增香。

营养肉菜

五花肉白菜

第六周

用料

- 五花肉 400 克
- 姜 2 片
- 大葱 1 段
- 白菜 6 片

调料

- 生抽 1 茶匙（5 毫升）
- 老抽 1/2 茶匙（3 毫升）
- 盐 1/3 茶匙（2 克）
- 糖 1/4 茶匙（1 克）

做法

1 [1]五花肉洗净后切成食指粗细的条，白菜切成 4 厘米长的段，葱切片，备用。

2 [2]将五花肉放入无油的锅中炒至出油，把炒出的油倒掉。

3 [3]把炒好的五花肉放入炖锅中，倒入可以没过肉的水，[4]加入葱、姜、生抽、老抽、盐、糖，大火煮开后转中小火炖 60 分钟左右。

4 [5]放入白菜片，再炖 10 分钟左右，大火收汁即可。

Let's go!

1

2

3

4

5

丰富素菜

鸡汤烩西蓝花

第六周

用料

- ○ 西蓝花 1 棵
- ○ 枸杞 7 粒
- ○ 鸡汤 200 毫升

调料

- ○ 盐 1/4 茶匙（1 克）
- ○ 水淀粉 1 汤匙（15 毫升）
- ○ 香油 3 滴

做法

1 **1** 枸杞放入凉水中浸泡至变软。西蓝花切掉根部，掰成小朵，清洗干净。

2 **2** 锅中水烧开后放入西蓝花焯烫 2 分钟捞出。**3** 另取一只锅，倒入鸡汤，放入焯好的西蓝花、枸杞大火煮 2 分钟，**4** ～ **5** 倒入水淀粉收汁后淋香油即可。

超级啰唆

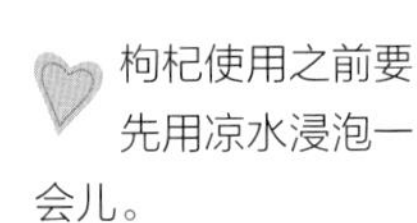

♡ 西蓝花掰成小朵后浸泡在清水中，加入少许盐，可以洗得更干净。

♡ 枸杞使用之前要先用凉水浸泡一会儿。

超级啰嗦

最好用水果玉米，能让汤的味道更清甜。荷兰豆也可以用甜豆代替。

鸡汤可用清水代替，因为食材比较丰富，所以味道不会很寡淡，有点素高汤的感觉。如果喜欢喝比较清淡的汤，最后可以把汤汁留多一点儿。

盐不要放太多，少放一点点或者不放都可以。月子里吃惯了少盐餐后，这种汤即使不放盐也能接受，大家可以试试看。

丰富素菜

五彩冬瓜

第六周

用料

- ○ 冬瓜 250 克
- ○ 胡萝卜半根
- ○ 黑木耳 5 朵
- ○ 荷兰豆 1 小把
- ○ 玉米半根
- ○ 鸡汤 300 毫升

调料

- ○ 盐 1/4 茶匙（1 克）
- ○ 水淀粉 1 汤匙（15 毫升）

做法

1 **1** 冬瓜去皮去瓤，切成 2 厘米大小的块，胡萝卜也切成同样大小的块，荷兰豆撕去筋后切 2 厘米长的块，黑木耳提前泡发好，洗净，撕成小朵，剥下玉米粒，备用。

2 **2** 将所有蔬菜倒入开水锅中烫 3 分钟左右，捞出沥干水分后放入盛有鸡汤的锅中，加盐，大火煮开后转中小火煮 3 分钟，**3** 再转大火淋入水淀粉，略留些汤汁即可。

美味主食

蔬菜米饭

第六周

用料

- 大米 1.5 量杯
- 小米 0.5 量杯
- 土豆半个
- 豌豆 1 小把
- 青椒、红椒各半个

调料

- 盐 1 茶匙（5 克）
- 油 30 毫升
- 热水 160 毫升

做法

1 1 将土豆去皮，彩椒去籽后切成 1 厘米大小的丁，豌豆清洗干净。2 大米、小米混合后淘洗两次，再浸泡 30 分钟。

2 3 将浸泡后的米放入电饭煲中，再把所有蔬菜放在米上，撒盐拌匀，加入水，水高出米 1.5 厘米左右，4 ~ 5 按煮饭键即可。

超级啰唆

米饭里的蔬菜会出水，新米、陈米需水量也不同，所以要酌量加水。一般有蔬菜的米饭水量都要相对少一些，新米加的水量也要少一些。

蔬菜可以调换或者增减，但不要选择水分过大的。除了大米和小米，也可以放糙米、黑米之类的，但是不好煮的米需要提前浸泡几个小时。

美味主食

葱花火腿蛋饼

第六周

用料

- 面粉 60 克
- 鸡蛋 2 个
- 香葱 1 根
- 火腿 2 片（厚度约为 1 厘米）
- 水约 130 毫升

调料

- 盐 1/3 茶匙（2 克）

做法

1 1 香葱和火腿都切成小碎丁，鸡蛋打散。2 ~ 3 蛋液中加入水、盐、香葱碎、火腿碎、面粉，搅成可以流动的稀稀的面糊。

2 4 平底锅中不放油，凉锅倒入一大勺面糊，5 迅速转动锅底，使面糊快速摊成圆形。开火，用中小火将饼慢慢煎至边缘翻起时，在表面淋一些油，翻面，两面都煎成金黄色即可。

Let's go!

1

2

3

4

5

超级啰唆

面粉糊一定要调得稀一些，这样才能摊开。

煎好一张饼后，平底锅离火，让底部凉一些，再倒入另外一勺面糊， 这样可以避免锅中余温将面糊凝固而不好均匀摊开。

火腿是调味用的，如果不喜欢吃火腿也可以不放。

美味主食

小窝头

第六周

用料

- 玉米面 140 克
- 黄豆面 50 克
- 白面 60 克
- 泡打粉 4 克
- 白糖 20 克
- 牛奶 130 毫升

做法

1. 1 所有面粉混合在一起，加入泡打粉，拌匀。糖加入牛奶中拌匀，然后倒入面粉里，和匀成团，盖上保鲜膜饧 30 分钟。
2. 2 面饧好后，分成 20 克一个的小面团，滚圆。3 将小面团按扁，4 右手食指戳进去，顶住面团，左手掌呈窝状，转面团，最后做成图片中顶部尖，中间空的样子。
3. 5 将所有窝头做好后，放进上汽的蒸锅里，盖上盖子，蒸 20 分钟左右。

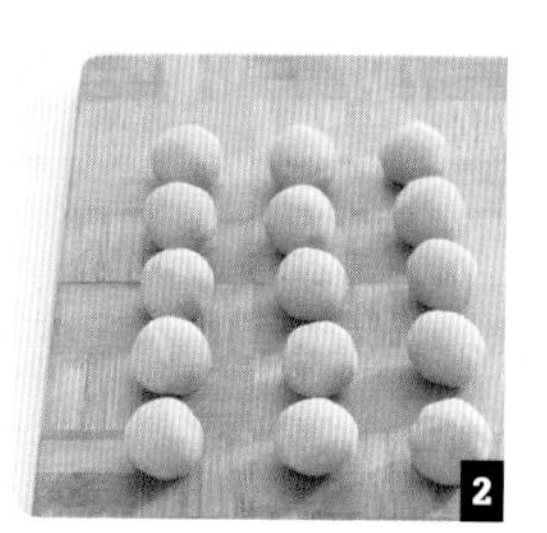

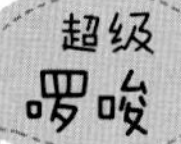

面团表面要黏一点，根据面粉的吸水程度调整液体用量。

窝头要记得开水上锅蒸。

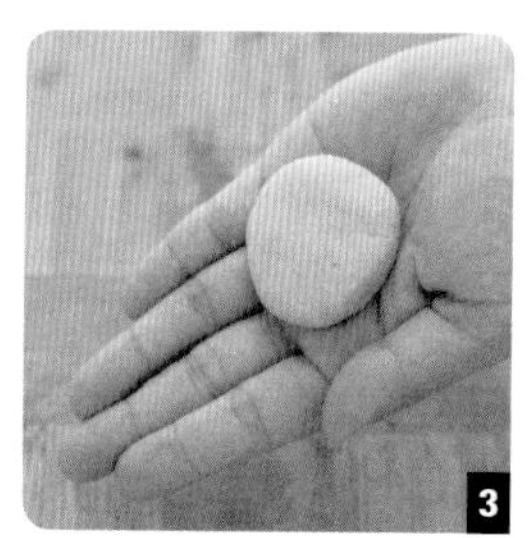

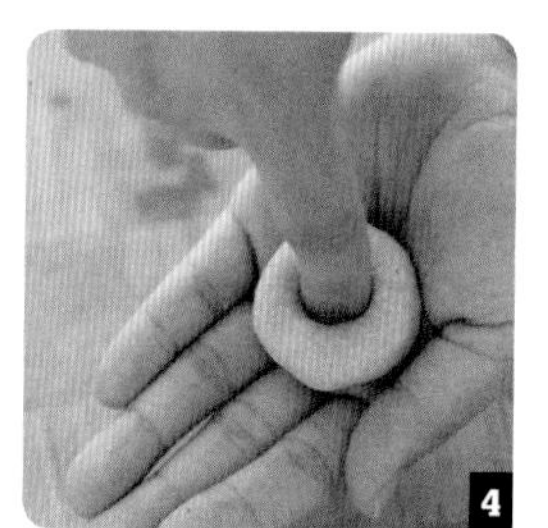

超级啰嗦

这道银耳莲子羹养阴润肺，不光月子里的妈妈能喝，其他人也能喝。月子里喝加了红枣和莲子的银耳羹，还能清心安神，养血益气，顺便美容养颜，让新妈妈的皮肤和气色都越来越好。

银耳还富含维生素D和其他微量元素，能增强机体的免疫力，这对产后妈妈来说也是非常好的。

炖这款银耳羹用的干莲子不需要提前浸泡，浸泡过的莲子炖煮后口感反而不绵软。

轻松加餐

银耳莲子羹

第六周

用料

- ○ 银耳 6 克
- ○ 莲子 15 克
- ○ 红枣 5~8 颗
- ○ 水 600 毫升
- ○ 冰糖适量

做法

1 **1** 银耳用清水泡发后洗净沥干，去掉黄色的硬结，用手撕成小朵；莲子和红枣洗净备用。

2 **2** ~ **4** 锅中加入水、红枣、莲子、银耳，大火煮开后转小火炖煮大约 40 分钟。

3 **5** 煮到银耳软糯后加入适量冰糖，搅拌均匀后即可食用。

月子餐！

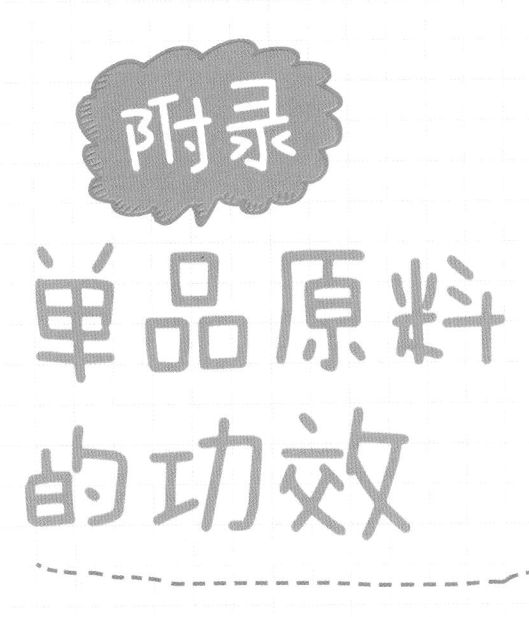

附录

单品原料的功效

糙米

糙米富含多种氨基酸、矿物质，以及维生素，具有丰富的营养。

能够改善肠胃功能，降低胆固醇、血糖。另外，糙米中含有大量纤维素，所以具有减肥、通便的功效。

保存在阴凉通风处，或者放在密封保鲜盒里，然后放入冰箱。

糙米在超市、菜市场农副产品处都能买到。

党参

党参具有补中益气、健脾益肺、养血生津的功效。与人参相比，党参更适合需要进补但脾胃虚弱的人。

党参在药店里的中草药柜台就可以买到。尽量挑选饱满、香气浓、甜味重、无虫蛀的。放置在通风阴凉处保存。

切记不能与藜芦同用。

陈皮

陈皮具有理气化湿、健脾和胃的功效，还能够去腥解腻，是汤和肉类食物的好搭档。

陈皮可以在药店买到，以色泽鲜艳、油润，香气浓郁的为佳。

选购陈皮时，建议不要一次买太多，因为储存太久的话，陈皮所含的挥发油会散发出去，功效会降低。

枸杞

枸杞具有滋补肝肾、美容养颜、抗衰老的功效，是保健养生的佳品。枸杞可以在药店和超市买到。

枸杞有很多产地。一般宁夏产枸杞颗粒大，长圆形，饱满，肉厚，味甜，色泽红艳，泡水清淡，易上浮；内蒙古枸杞颗粒大，长圆形，味甜，色泽暗红，泡水微红，易下沉；新疆枸杞呈圆形，味道极甜，色泽新鲜时红，放久后变暗，易变软，泡水后水色红，易下沉。需注意有的枸杞是硫黄熏过的，不能食用。这种枸杞颜色特别红，味道酸、涩、苦。大家在购买时一定注意鉴别。

枸杞要放在密封的容器里，存放在冰箱冷藏室，以免受潮长虫。

干贝

干贝是扇贝的干制品，富含多种营养物质，具有滋阴补肾，调节脾胃的作用。有助于降低血压、血脂。

挑选干贝时，选择颗粒饱满、完整，没有大裂缝，色泽淡黄有光泽的。

儿童、痛风病患者不宜食用。

干香菇

香菇富含维生素、矿物质，对人体健康十分有益。常吃香菇能够提高人体免疫力，还可以调节血脂。

香菇可以在超市和菜市场买到，有包装好的，也有零散的。购买时要选择饱满，香气浓郁，无虫蛀的。

香菇保存时要注意通风、防潮，切勿和其他食材混合存放。

核桃

核桃富含多种维生素、微量元素、蛋白质和矿物质，是一种很有营养的食品。

核桃具有补肾助阳，健脑乌发的功效。每天吃几粒核桃可以起到润肠通便，调节血脂、血压的作用。

黑豆

- 黑豆富含氨基酸、蛋白质，是补充雌激素的天然食材。具有滋补肝肾，健脾和胃，补气血，乌发的功效。
- 黑豆可以在超市以及菜市场出售粮食的柜台买到。
- 黑豆不要食用过多，以免造成消化不良。

黑米

- 黑米又叫月米、补血米、血糯米。富含维生素、微量元素，具有很高的营养价值。
- 黑米具有补气血，补脾养胃，滋阴补肾，明目活血的功效。特别适合产后食用，有很好的滋补作用。
- 黑米在超市和菜市场出售粮食的柜台都可以买到。

木耳

- 木耳富含蛋白质，以及钙、磷、铁等元素，其中铁的含量特别高，具有补血的作用。
- 多食木耳可以延缓衰老，美容养颜，提高抵抗力，调节血脂，有助于排除体内的垃圾。
- 木耳最好存放在通风阴凉的地方。

桂圆

- 桂圆也叫龙眼，具有补气血，安神的功效。适合睡眠质量不佳的人群。
- 桂圆在市场干果柜台和药店的中草药柜台都能买到。购买时挑选颗粒饱满、果肉厚、核小的。
- 最好放在密封容器里，并在阴凉干燥处保存。
- 需要注意的是桂圆性热，如果吃后出现上火现象，就不要再吃了。咽喉肿痛、咽干、腹胀的人不宜食用。

糯米

糯米也叫江米，是一种温和的滋补食材，富含 B 族维生素、蛋白质、钙、磷、铁。

糯米具有补中益气，健脾暖胃的作用。因为糯米有收涩的功效，所以对尿频、自汗也有较好的食疗效果。

糯米不宜食用过多，不要凉着吃。老人、小孩和病人更不要吃太多。

大豆

大豆含有丰富的蛋白质、氨基酸、膳食纤维，可以提高人体免疫力，还有通便，降血糖、血压的功效。黄豆中的大豆异黄酮能补充人体雌激素，延缓衰老。

黄豆还具有健脾和胃、清热解毒、益气的功效。

花生

花生含有丰富的营养物质，如蛋白质、氨基酸、维生素，以及矿物质等，能够促进人体脑细胞发育，增强记忆力，抗老化。

有滋补气血，通乳的作用，适合生产后乳汁不足的产妇食用。

葡萄干

葡萄干中含有多种矿物质、维生素、氨基酸，是妇女和其他贫血者的食补佳品，对神经系统也有滋养作用。

储存时最好密封放置在阴凉处，防止受热、发霉、虫蛀。

红豆

红豆含有丰富的维生素、能缓解便秘的纤维和有利尿作用的钾等。

红豆具有补血养心，调节脾胃，清热祛湿，消水肿的作用。可以消除产后水肿，同时还能促进雌激素的分泌。

红莲子

红莲子富含人体所需的蛋白质，碳水化合物，及钙、磷、铁等多种营养物质。

红莲子和白莲子都具有补气、养心、镇静安神、调节脾胃的功效，红莲子补血效果更好。

保存时要注意防潮和虫蛀，宜在阴凉通风处存放。

红糖

红糖含有丰富的维生素和微量元素，如铁、锌、锰、铬等，营养成分比白糖高很多。适合月经不调的女性、产妇，以及老人食用，可以促进代谢，延缓衰老。

红糖具有益气补血、健脾养胃、活血化瘀的功效。

糖尿病人禁食。

大枣

大枣含有大量蛋白质和多种氨基酸、维生素，是营养丰富的食品。大枣具有益气补血、健脾安神的功效，是很好的养生食材。

大枣有很多品种。在挑选时要注意，好的大枣表皮颜色略发紫红，颗粒大而饱满，表皮皱纹少，皮薄果核小，肉质厚实。如果枣的蒂有孔或者粘有咖啡色、深褐色的粉末，说明枣被虫蛀了。

枣容易潮，不适合长时间存放。可以装在密封容器里，放于通风阴凉处。

小米

小米中营养丰富，其中维生素 B_1、胡萝卜素、铁、磷的含量都高于其他谷物，具有很高的营养价值，还能够很好地缓解精神紧张，调节滋养神经，尤其适合体弱的人群，如老人和产妇。

小米还有补中益气、健脾暖胃、安神助眠的功效。

沙参

沙参具有清热养阴、润肺止咳、益胃生津的功效。

沙参可在药店中草药柜台购买。

存放在阴凉通风处，避免受潮、虫蛀。

山楂

山楂中含有丰富的营养物质，例如维生素、钙、铁、磷等。

山楂具有消食化积、收敛止痢、活血化瘀的功效。并能有效调节血压、血脂，降低胆固醇。

山楂可以在药店中药柜台买到，注意保存在阴凉处，以防虫蛀。

通草

通草具有利水化湿、消肿、通乳的功效。适合产后缺乳，乳腺不通的妈妈。

注意孕期不要服用。

薏米

薏米具有很高的营养价值，比其他谷物热量高。富含多种氨基酸、维生素，以及钙、磷、镁、钾等，是老少皆宜的保健食材。

薏米具有健脾祛湿、利水消肿的功效。

薏米要放在密封容器内，并保存在阴凉处，以防虫蛀。

银耳

银耳又称白木耳、雪耳。富含蛋白质、多种氨基酸、矿物质，还有维生素 D。能够提高人体免疫力，促进新陈代谢。

具有补脾安神、滋阴润肺、补气血的功效，是很好的滋补佳品 。

竹荪

竹荪是食疗佳品。营养价值高，富含蛋白质、粗纤维等。能有效调节血压、肠胃功能，并保护肝脏。

竹荪具有补气养阴、润肺止咳、清热利湿的功效。

竹荪可在超市和菜市场农副产品柜台购买。开封后要放在密闭容器内，并在阴凉处保存。